에코도서관 5

하루 10분 일주일

할아버지가 들려주는 다윈과 진화 이야기

DARWIN ET L'ÉVOLUTION EXPLIQUÉS À NOS PETITS-ENFANTS
by Pascal PICQ

Copyright©EDITIONS DU SEUIL, Paris, 2009
Korean Translation Copyright© 2013 by ECO-LIVRES Publishing Co.
All rights reserved.

This Korean edition was published by arrangement with LES EDITIONS DU SEUIL (Paris)
through Bestun Korea Agency Co., Seoul.

이 책의 한국어판 저작권은 베스툰 코리아 에이전시를 통해 저작권자와 독점 계약한 에코리브르에 있습니다.
저작권법에 의해 한국 내에서 보호를 받는 저작물이므로 무단 전재와 복제를 금합니다.

하루 10분 일주일
할아버지가 들려주는 다윈과 진화 이야기

초판 1쇄 인쇄일 2013년 2월 25일   초판 1쇄 발행일 2013년 2월 28일

지은이 파스칼 피크 | 옮긴이 안수연
펴낸이 박재환 | 편집 유은재 이정아 | 관리 조영란
펴낸곳 에코리브르 | 주소 서울시 마포구 서교동 468-15 3층(121-842) | 전화 702-2530 | 팩스 702-2532
이메일 ecolivres@hanmail.net | 블로그 http://blog.naver.com/ecolivres
출판등록 2001년 5월 7일 제10-2147호
종이 세종페이퍼 | 인쇄·제본 상지사

ISBN 978-89-6263-088-6 04470

책값은 뒤표지에 있습니다.   잘못된 책은 구입한 곳에서 바꿔드립니다.

하루 10분 일주일

할아버지가 들려주는 다윈과 진화 이야기

파스칼 피크 지음 | 안수연 옮김

에코리브르

차례

머리말

이제 우리 아이들은 훌쩍 컸고, 나는 인간의 기원 문제를 연구하는 고인류학자로서 아이들에게 많은 이야기를 들려주었다. 그들은 내가 해준 이야기를 통해 줄곧 교육을 받아온 터라 이 책에 그리 큰 관심을 보이진 않는다. 아이들은 그중에서도 가장 위대한 '진화' 이야기를 내내 들으면서 자랐다. 그리하여 지난날 수업을 듣던 초등학교 때부터 오늘날 긴 의자에서 공부하는 대학 시절에 이르기까지 이런저런 내용을 지적하는가 하면 선생님들이 진화, 특히나 인간의 진화에 대해 일관성 없이 단언할 때는 화를 냈다. 이 책은 그렇게 화를 내던 아이들이 지적한 내용에서 영감을 얻었을 뿐 아니라 영향을 받기도 했다.

이미 너무 오래된 일이다. 세 아이 중 맏이인 우리 딸이 자기 선생님과 관련된 짤막한 일화를 들려주었다. 선생님은 수업을 마치면서 아이들에게 이렇게 말했다고 한다. "내일은 인간이 어떻게 원숭이의 후손이 되었는지 살펴볼 거예요." 우리 딸은 이렇게 응수했다. "선생님, 인간은 원숭이의 후손이 아니에요!" 그러자 선생님이 말했다. "너는 진화를 믿지 않는구나. 넌 남자와 여자가 아담과 이브의 자손이라고 생각하는 거지……." 우리 딸은 이렇게 말했다. "전혀 그렇지 않아요. 인간은 원숭이에 속해요. 그리고 모든 원숭이 가운데 우리와 더 가까운 원숭이가 있어요. 이를테면 침팬지 말이에요. 우리와 침팬지는 조상이 같아요." 이 말에 선생님은 깜짝 놀랐다고 한다. 그런 강의를 해준 사람은 바로 나였다. 그로부터 10여 년 뒤 우리 딸은 의과대학생이 되었다. 그리고 대학에 몸담고 있는 우리 동료들이 진화에 대해, 달리 말하면 인간과 생명에 대해 어떤 터무니없는 말들을 하는지 상세히 이야기해주었다.

딸아이보다 나이가 어린 두 아들은 진화에 대한 온갖 판에 박힌 잘못된 생각과 오해를 빠짐없이 내게 전해주었다. 하지만 그 아이들은 생물학과 별로 관련이 없는 학문을 하기 때문에 그런 오해에 관련한 상황과 자주 맞닥뜨리지는 않는다. 이를 보면 최근 몇 년 동안 어떤 변화가 두드러지는지 잘 알 수 있다. 그러니까 선생님들이 이 문제를 다루기를 점점 더 주저한다는 것이다. 여기에는 두 가지 이유가 있다. 첫째로는 그들이 제대로 교육을 받지 못했다는 것이다. 이 점을 두고 그들을 비난할 수는 없다. 둘째로는 앞에서 아이가 선생님과 나눈 짤막한 대화를 언급했는데, 그러한 대화가 심각한 양상을 띠고 때로는 종교와 관련해 근본주의에 이르며 난폭한 국면에 접어들기도 한다는 것이다. 믿어지지 않는 놀라운 사실인데 부모들이 개입하는 경우도 있었다. 과학 강의에 이의를 제기하기 위해서 말이다. 이는 정교 분리 원칙에 어긋나는 행위로 용납할 수 없다. 그런가 하면 최근에 또다시 리옹에서 그러했듯이 대학에서 학생들이 항의를 해 급기야 생물학 강의를 중단하는 사태에까지 이르렀다.

경이로운 이야기가 왜 이렇듯 이해받지 못하고 심지어 항의 사태를 불러일으키는 걸까? 몇 년 전 나는 초등학교부터 고등 학교까지 여러 수업에 참석한 적이 있었다. 그때 단순한 동시에 복잡한 과학 이야기를 깨달아가기 시작하던 아이들의 눈빛이 밝게 빛나는 것을 보았다.

장 마르크 레비 르블롱이 이 멋진 총서에 포함될 책 한 권을 써 달라고 내게 제안했을 때, 진화가 무엇인지 발견하고 이해하면서 기뻐하던 어린 학생들의 모습이 다시 떠올랐다. 아이들은 자발적으로 인내심을 가지고 진화론을 수립하는 데 이바지한 위대한 학자들의 사상이 진전되는 과정을 재구성했고, 나는 이 합리적인 아이들을 보고 감탄하지 않을 수 없었다. 그 아이들은 동물종을 관찰하고 비교하고 분류하고 나서 이해하려고 노력해야 한다고 간단히 정리한 것이었다. 이는 지성의 자유 및 발견과 토론을 대단히 멋지게 훈련하고 연습해보는 것이다. 유레카! 누가 과학이 사람들을 환상에서 깨어나게 해 환멸을 안겨준다고 말했던가? 그자는 확실히 무지한 사람이다. 온갖 두려움은 지속되는 갖가지 무지를 먹고 자라기 때문이다.

왜 이 책을 단지 (미래의) '내' 손자들만이 아니라 '우리' 손자들에게 헌정하는가? 답은 진화와 관련이 있다. 진화는 오랫동안 지속된 재앙이 아니고, 적자생존이 아니며, 하물며 최강의 법칙도 아니기 때문이다. 우리는 앞으로 그러한 내용을 살펴볼 것이다.

아주 간단히 말해서 '후대로 내려가면서 변화하는 것'이 관건이다. 왜 그런가? 이 책에서 나는 바로 그 점을 파헤쳐보려 한다. "사랑하는 손자들아. 진화를 이해하는 것은, 너희도 손자를 두게 되고 이어 후대로 내려가면서 변화함에 따라 다른 한 종의 인간, 아니 여러 종의 인간이 출현하게 될 날까지, 아니 더 이상 어떤 종의 인간도 출현하지 않을 날까지, 그들 역시 후손을 두고 세대가 이어지면서 변화한다는 것이지. 우리의 진화가 어떻게 될지는 아무도 알지 못하고, 더 이상 어떤 종의 인간도 출현하지 않을 날이 올지도 모른단다."

2008년 10월
풀랑그에서

프롤로그

손자　　사람들이 말하길 할아버지는 고인류학자라고 하던데, 무슨 일을 하시는 거예요?

할아버지　기원 문제와 인간의 진화, 아니 더 자세히 말하면 인간의 박물학이 진화한 과정을 연구한단다.

손자　　그러니까 선사시대 인간을 연구하시는 거네요. 그러면 고인류학은 선사학과 유사한 거죠.

할아버지　전혀 그렇지 않아. 일반적으로 검치호랑이나 매머드 같은 사라진 동물을 '선사시대의 동물'이라고 하는데, 그건 옳지 않단다. 선사시대는 대개 '인류가 출현하기 전'을 의미해. 하지만 매머드는 우리 조상인 크로마뇽인 곁에서 살았고 검치호랑이는 더 오래된 인간, 이를테면 호모 에렉투스와 같은 시대에 살았으니까. 선사시대의 역사란 말이야, 문자가 발명되기 이전 인간의 모든 역사란다. 문자가 발명됨으로써 역사학의 문이 열렸지. 선사시대 인간들의 활동에서 발견되는 것, 그러니까 도구와 서식지의 흔적들뿐 아니라 무덤이나 동굴 예술 등을 연구하는 학문이 선사학이야. 고인류학은 화석 인골이 진화하는 과정에 더 관심을 두는 분야란다.

손자   화석이 뭐예요?

할아버지   화석(化石)이란 원래 '땅에서 나오는 것'이라는 뜻이야. 선사학자와 고인류학자는 때로 인간 활동의 아주 오래된 흔적, 이를테면 타제석기나 화석이라 일컫는 뼈를 발견하기 위해 땅을 파헤친단다. 고인류학자로서 나는 주로 먼 조상들의 두개골과 턱뼈, 치아를 연구해서 그들이 누구이고 어떻게 살았는지 재구성하는 일을 해.

손자   그런 인간의 조상이 많은가요?

할아버지   아, 그래! 10여 년 전에 사람들이 상상했던 것보다 훨씬 많단다. 확신하건대, 너는 그중 여러 조상의 이름을 내게 들려줄 수 있을 거야.

손자   크로마뇽인, 네안데르탈인, 루시, 투마이, 호모 에렉투스······ 더 있나요?

할아버지 훨씬 더 많지. 사실 얼마 전부터 오랜 진화의 역사 동안 늘 여러 유형의 화석인류나 루시 같은 오스트랄로피테쿠스가 동시에 존재했다는 사실을 알게 되었단다. 오직 한 유형의 인간, 달리 말하면 호모 사피엔스인 우리만이 지상에 남게 된 지는 겨우 3만 년밖에 안 돼.

손자 3만 년? 어마어마한걸요!

할아버지 네 나이나 내 나이, 아니 처음 문자가 발명된 시기에 비하면 틀림없이 그렇고말고. 하지만 생명의 역사는 수억 년에 달하니 거기에 비하면 아무것도 아니지. 호모 사피엔스가 20만 년도 더 전에 아프리카와 근동 지역에 출현했다는 사실을 안다면 3만 년은 어제나 다름없게 느껴질 거야. 이런 사실을 처음 접한다면 어마어마해 보이겠지만. 그런데 가장 매혹적인 것은 그리 오래되지 않은 시기, 이를테면 5만 년 전에 여러 유형의 인간이 공존하고 서로 만났다는 점이란다.

손자 어떤 인간들요?

할아버지 우리, 그러니까 크로마뇽인이 근동 지역의 네안데르탈인이나 자바의 솔로인과 함께 존재했어. 그후 다른 인간은 모두 매머드, 동굴곰, 검치호랑이, 거대한 사슴, 오르크스(중세

이전의 유럽산 들소—옮긴이) 같은 여러 종과 마찬가지로 사라졌단다.

손자　할아버지가 우리 종이라고 하는 인간이 그들의 멸종에 책임이 있나요?

할아버지　인간이 분명 어느 정도 역할을 했지만 얼마나 영향을 미쳤는지는 자세히 밝히기 어려워. 어쨌든 우리의 조상인 크로마뇽인이 그들의 생존에 영향을 미쳤어. 게다가 자기들의 행동이 마지막으로 남은 거대한 포유류의 멸종에 어떤 결과를 초래할지 인식하지 못했단다. 이들 포유류는 이미 1만 2000년 전에 시작된 기후변화로 상당히 취약해진 상태였지.

손자　진화가 그런 거잖아요! 아니에요? 최강의 법칙 맞잖아요?

할아버지　흔히 듣는 말이지. 진화는 생명이 무엇인지 설명해주는 과학 이론이자 생명의 역사를 재구성하는 위대한 이야기란다. 현생인류는 물론이고 심지어 모든 화석인류도 생명의 역사에서 등장하는 시기가 아주 늦어. 우리를 둘러싸고 있는 생명체의 다양성은 전적으로 진화라는 이 위대한 박물학에서 유래한단다. 진화를 알지 못한다면 '여섯 번째 멸종'이 무엇이고 그것이 인류의 미래, 즉 너의 미래와 멋진 지구의 미래에 어떤 결과를 초래할지 이해할 수 없어.

손자   그럼 이제 그걸 설명해주실 거죠?

진화란
무엇인가

1. 고정불변의 종에서 진화의 개념에 이르기까지

손자　　진화란 무엇인가요?

할아버지　시간이 흐르면서 종이 변화한다는 말이야.

손자　　알았어요! 그런데 종은 뭔가요?

할아버지　네가 알고 있는 표현 중에 이런 말이 있잖니. "개는 고양이 새끼를 낳지 못한다!" 개와 고양이의 종류도 놀라울 만큼 다양하지만 너는 어렵지 않게 구별해내지. 말과 당나귀를 혼동하지 않는 것처럼 호랑이와 사자도 혼동하지 않아. 이와 달리 비록 침팬지·오랑우탄·고릴라를 구별할 줄 안다고 해도 원숭이, 이를테면 비비원숭이를 볼 경우에는 난처할 거야. 동물을 어느 정도 알게 되면 사람들은 아주 뚜렷이 구분되고 이름이 부여된 종 안에 그러한 동물을 분류해 둔단다.

손자　　아주 명확해 보여요.

할아버지　　겉모습을 믿어서는 안 된다. '종(espèce)'은 라틴어 species에서 유래했는데 사물이나 개체의 모습 또는 외양, 그에 따른 범주를 의미해. 《성경》을 바탕으로 한 종교는 신의 피조물, 그러니까 영원한 범주를 만들어냈어. 그리스 철학에서 나온 개념인 '이데아'가 다시 발견되지. 이데아는 눈에 보이거나 인지되는 것, 그리고 영원한 무엇을 표상해. 이데아는 절대로 바뀌지 않아.

손자　　하지만 이데아에 해당하는 관념을 바꿀 수는 있잖아요?

할아버지　　그래, 하나의 관념을 버리고 다른 관념을 받아들일 수 있어. 하지만 관념이 바뀌는 것은 아니야. 바로 네가 관념을 바꾸는 거지. 진화론의 모든 문제는 여러 종교와 철학, 심지어 과학에서 비롯되는 갖가지 관념을 대면하고 있다는 점일 거야.

손자　　그럼, 생물종은 뭐예요. 하나의 관념에 해당하는 것인가요?

할아버지　알다시피 동일한 종의 동물은 끼리끼리 번식을 해. 개는 강아지를 낳고, 고양이는 새끼 고양이를 낳는 식으로. 그렇게 끼리끼리 번식할 수 있는 모든 개체를 한데 모아 '생물종'이라고 한단다. 따라서 자연과학에서 하나의 종은 개체 사이에서 번식을 할 수 있다는 사실에 의해 정의되지. 따라서 하나의 '관념'이 아니라 한 가지 기능으로 정의되는 거야.

하지만 그리스 고전철학과 기독교 사상을 물려받은 서구 세계의 문화에서 생물종, 이를테면 동물은 관념과 같은 영원한 범주나 고정불변한 형태에 해당하는 것이었지. 분명히 개체는 서로 다르고, 완벽하면서도 영원한 어떤 형태를 불완전하게 본뜬 형상이야. 그리스 사람들은 세계가 제한된 개수의 형태나 종으로 구성되어 있다고 생각했어. 그리고 기독교의 관점에서 신이 창조한 종은 고정불변일 수밖에 없었으니, 변할 수도 진화할 수도 없었어!

손자　　그 문제는 이해하겠어요! 고정불변의 종이 변화하는 것이 진화라면, 쉽지 않겠어요. 무슨 일이 일어났나요?

할아버지　기독교 사회인 유럽에서는 존재하는 모든 것은 조물주의 의도에 따라 만들어졌다고 보았단다. 종이 고정불변한다는 주장을 종불변설이라고 해. 18세기까지 그러한 세계관이 이어졌지. 이 시기에 사람들은 신성한 사원으로 여겨진 자연에 대단히 열광했어. 바로 이러한 맥락에서 박물학이 탄생했단다.

손자　그건 과학과 관계가 있나요?

할아버지　17세기 갈릴레이 사건 이후 과학과 종교 간에 벌어진 고약한 싸움이 진정되었단다. 자연법칙들, 이를테면 뉴턴의 만유인력의 법칙이 발견됨으로써 조물주의 지성이 숭배되었지. 조물주는 '위대한 시계공'이나 '최고의 기하학자'로도 일컬어졌어. 풍부하고 다양한 자연의 속성은 또 그만큼이나 경탄을 불러일으켰지. 종은 주변 환경에 완벽하게 적응할 수 있도록 창조된 듯했는데, 이를 두고 프랑스에서는 '섭리'라고 했고, 영국에서는 '자연신학'이라고 했어.

진화하지 않을 수 없는 용어

손자　그럼 진화 개념은 언제 나타났나요?

할아버지　일상어에서 진화는 규칙적이고 질서정연한 방식으로 변화하는 걸 말하지. 이 용어는 18세기 박물학 분야에서 샤를 보네(Charles Bonnet)가 쓴 글에 등장했어. 보네는 박물학자이자 철학자로 유기체의 성장에 관심을 가졌단다. 그는 개체, 이를테면 인간의 자식이나 생쥐 새끼는 미세한 상태에서 미리 형성되어 있으며, 그러한 개체의 성장 프로그램이 '연속해서 펼쳐진다'고 생각했지. 이것이 'evolvere'라는 라틴어 단어의 의미란다. '진화(Évolution)'는 한 개체가 살아가는 내내, 그러니까 개체가 수태되어 탄생을 거치며 죽음에 이르기까지 변화한다는 개념을 표현하지. 이를 개체발생(ontogenèse)이라고 하는데, 그리스어로 개체 또는 존재를 의미하는 'ontos'와 형성을 의미하는 'genesis'가 합쳐진 말이란다. 따라서 한 개체는 수태되어 사망에 이르기까지 어떤 프로그램을 따르면서 성장하고 자라지. 바로 이런 의미에서 생명과학에 나오는 '진화'의 첫 번째 정의를 이해해야 해. 이는 전개되는 어떤 계획, 그러니까 라틴어로는 evolutio라는 계획을 전제로 하는 거야.

손자　하지만 사람들은 모두 개체가 살아가는 내내 변화한다는 걸 잘 알잖아요.

할아버지　모든 사람과 모든 개체에 명백한 사실이지만 종의 경우에는 그렇지 않아. '진화'라는 용어는 어떤 계획을 따르는 한 유기체가 서서히, 연속해서, 점차 변화하는 과정에 적용하는 말이란다. 이는 개별 종마다 고유한 계획이지. 그래서 학자들은 종의 다양성을 관장하는 것을 찾기 시작했어. 이로써 아주 중요한 학문인 '계통학'과 더불어 박물학이 탄생하게 되었지.

자연의 체계를 향하여

손자 그건 자연에 하나의 체계, 계통이 있다는 말인가요?

할아버지 어떤 면에서는 그렇지. 자연의 다양한 것들을 질서 정연하게 드러낸다는 개념인데, 계통학의 목적은 관찰·비교·분류하는 거야. 처음으로 인간을 비롯한 동물을 분류하는 방안을 내놓은 이는 바로 스웨덴의 위대한 박물학자 칼 린네(Carl Linné)란다. 린네는 1758년에 펴낸 《자연의 체계》에서 인간과 원숭이를 영장류로 분류했지. 이는 '으뜸 서열'을 뜻하는 말이야. 마다가스카르의 귀여운 여우원숭이와 나무늘보도 영장류에 속한단다.

손자 정말 멋져요! 그런데 틀림없이 엄청난 물의를 일으켰겠죠?

할아버지 별로 그렇진 않았어. 린네는 동시대인들과 마찬가지로 신앙을 가지고 있었지. 뷔퐁이 나중에 이런 말을 했단다. "신은 창조했고, 린네는 분류했다." 그래서 인간이 원숭이를, 아니 원숭이가 인간을 닮았다면, 명백히 인간은 유일하게 조물주의 형상을 본떠서 만들어진 존재였기 때문에, 이는 조물주의 의도라는 거야.

하지만 역사의 여러 우연 가운데 하나에 의해 역시 이 시기에 처음으로 침팬지와 오랑우탄이 유럽에 들어오게 되었단다. 박물학자뿐만 아니라, 특히 철학자가 오랑우탄에게 매혹되었지.

손자　왜요? 이미 원숭이를 알고 있었잖아요, 아니에요?

할아버지　유럽 사람들은 오래전부터 원숭이를 알고 있었어. 무엇보다 북아프리카 지방, 달리 말해 '바르바리의 원숭이'인 붉은털원숭이를 말이야. 수차례의 대항해와 박물학자의 열정으로 사람들은 아프리카, 아시아, 중앙아메리카, 남아메리카에서 온 원숭이를 점점 더 많이 알게 되었어. 조금 학문적으로 말하면, 원숭이는 수상(樹上)생활을 하는 포유류란다. 포유류로 분류되는 동물은 온혈동물인데 털로 뒤덮여 있고 새끼에게 젖을 먹이기 위해 암컷은 유방을 갖고 있어. 원숭이는 네 개의 팔다리가 있고 다섯 개의 손가락이 있으며 손가락에는 손톱이 달려 있지. 첫 번째 손가락 또는 첫 번째 발가락—손가락뼈는 세 개가 아니라 두 개다—은 더 짧고 힘이 세고 벌릴 수 있단다. 그래서 나뭇가지는 물론 열매와 온갖 종류의 물건을 움켜잡을 수 있지. 다른 포유류에 비해 원숭이는 뇌가 발달했고 안면이 짧아. 두 눈은 코끝 바로 양편에 있지. 이로써 가까운 곳을 아주 잘 볼 수 있어. 원숭이의 시력은 낮에는 아주 좋지만 밤에는 상당히 떨어져. 탁월한 시각계(視覺系) 덕분에 돌출 부분과 색깔을 아주 뚜렷이 구분할 수 있지. 두 눈이 정면에 서로 근접해 있어서 개나 고양이처럼 코가 툭 튀어나오지 않아. 코가 하나이고, 콧구멍 두 개의 경계가 아주 뚜렷해. 감각모라는 주둥이 끝의 긴 털도 사라졌는데, 그런 감각모는 고양이들에게 아주 발달해 있지. 마지막으로 대부분의 성년기 원숭이는 우리와 마찬가지로 이가 서른두 개란다.

손자　　그러면 침팬지와 오랑우탄한테는 무언가 특별한 점이 있나요?

할아버지　오랑우탄과 마찬가지로 침팬지한테서도 앞서 얘기한 원숭이의 모든 형질이 다시 발견되지. 하지만 어떤 형질들 덕에 우리와 훨씬 더 가까워졌단다. 가장 분명한 것은 흉부와 관련이 있어. 19세기에 대형 유인원이라고 일컬어졌던 침팬지, 오랑우탄, 고릴라는 흉골과 척추 사이에서는 흉곽이 별로 깊지 않지만 옆구리 사이에서는 넓어. 견갑골은 등에 있고 쇄골이 길며, 팔을 머리 위로 쭉 펼 수 있지. 그러니까 대형 유인원들은 긴 팔로 나뭇가지에 매달려 버틸 수 있는 거란다. 마지막으로 등 아랫부분은 아주 짧고, 꼬리는 사라져 꽁무니뼈만 남았지.

손자　　그래서 그 동물들은 다른 원숭이보다 우리와 더 많이 닮았군요.

할아버지　　린네를 비롯한 18세기 박물학자들은 이런 점을 그냥 지나치지 않았단다. 더군다나 린네는 그러한 동물에 '호모'라는 이름을 붙여주어 '인간'으로 만들었지. 호모 실베스트리스 또는 호모 녹투르누스라고 말이야. 이것은 야생의 인간 또는 어둠의 인간이라는 뜻이지.

분류하기와 명명하기

손자　　왜 그렇게 이상한 라틴어 이름을 붙인 건가요?

할아버지　　린네에게는 천부적인 아이디어가 있었어. 각각의 종에 두 가지 라틴어 이름을 부여하는 발상 말이다. 그렇게 해서 1758년 《자연의 체계》가 나온 이후 우리 종인 인간은 호모 사피엔스라고 명명되었지. 이는 '현명한 인간' 또는 '알고 있는 인간'이라는 의미란다. 말은 '에쿠우스 카발루스'이고 늑대는 '카니스 루프스', 사자는 '판테라 레오'라는 식이었지.

손자　뭐가 그렇게 대단하다는 거죠? 왜 이미 우리말로 이름이 있는 종에 두 가지 복잡한 이름을 부여한 거예요?

할아버지　문제의 핵심이 바로 거기에 있어. 각 민족은 저마다 언어를 갖고 있고, 그들의 문화에는 야생동물과 가축이 등장하는 이야기가 전해지지. 이를테면 프랑스에서는 대구라는 생선을 다양하게 표현한다는 걸 알고 있니? 만일 네가 브르타뉴나 지중해에서 휴가를 보낸다면, 시장에서 대구를 각기 다르게 부른다는 사실을 알게 될 거야. 우리나라에서는 다양한 연령대의 소를 여러 이름으로 묘사하지. 송아지, 암송아지, 수송아지, 황소 등으로 말이야. 자, 이제 이누이트 족과 우리 소에 대해 말한다고 해볼까. 그들은 바다표범을 묘사하는 데 다양한 낱말을 사용한단다. 다시 원숭이로 돌아와 보면 프랑스어에서는 한 단어, 즉 'singe'라는 말로만 표현할 뿐이야. 그런데 영어에서는 원숭이를 꼬리 달린 원숭이(monkey)와 꼬리 없는 커다란 원숭이(ape)로 구분하지. 네가 만일 가봉 등 중앙아프리카나 아마존 지역에 간다면 다양한 집단의 사람들이 우리보다 훨씬 더 풍부한 어휘로 다양한 종의 원숭이를 명명하고 있다는 사실을 알게 될 거야. 이제 린네의 발상이 얼마나 뛰어난지 이해하겠지? 사어(死語)인 라틴어에서 채택한 보편적인 이름을 부여하면, 언어나 문화와 상관없이 모든 사람이 어느 종을 가리키는지 단박에 알 거야.

손자 　구글과 함께라면 틀림없이 대단히 유용했겠네요!

할아버지 　린네는 구글을 비롯한 현재의 어떤 검색엔진도 생각하지 못했지. 하지만 이러한 '이명법'이 얼마나 유용한지 제대로 이해했구나.

손자 　네? 무슨 말이에요?

할아버지 　분류학은 자연과학에서 종은 물론 분류군이라는 다양한 범주의 분류에 이름을 부여하는 데 관심을 두는 학문이란다. 이명법(二名法)은 한 종에 종명 하나와 속명 하나, 이렇게 두 가지 라틴어 이름을 함께 부여한다는 말이지. 현재의 인간은 '호모 사피엔스'로 명명하는데, '호모'는 속명이고 '사피엔스'는 종명을 나타낸단다.

손자 　왜 간단하게 '사피엔스'나 '호모'라고 하지 않나요?

할아버지　여러 이유가 있어. 하지만 다양한 종에 질서를 부여하기 위해 종을 분류했다는 점을 잊지 마라. 오늘날 지구상에는 단 한 종의 인간, 즉 '호모 사피엔스'만이 살아가고 있어. 4만 년 전에는 여러 종, 그러니까 '호모 사피엔스' '호모 네안데르탈렌시스' '호모 솔로엔시스' '호모 플로레시엔시스'가 공존했단다. 그들은 네안데르탈인, 자바 섬이나 플로레스 섬에 사는 사람들이라고 말할 수 있어. 아주 정확하지는 않아. 더구나 나중에는 현생인류, 네안데르탈인, 솔로인, 플로레스인이라고 말하게 되었지. 분명하게 '~인'이라고 밝히는 이유는 서로 다른 여러 인간, 무엇보다 인간을 지칭한다는 점을 보여주기 위해서야. 예를 들어 곰을 한번 생각해봐. 너는 동굴, 검은색, 피레네, 갈색, 흰색이라고 말하지 않고 동굴곰, 백곰, 갈색곰이라고 말하잖아. 다시 한번 말하자면, 린네는 모든 언어에서 재발견되는 관습을 명료하게 밝혀주었어. 명확한 용례를 동원해서 말이야. 언어의 범주로 종을 분류하는 것은 보편적인 일이야. 이러한 범주는 문화 전반에 걸쳐 대체로 비슷하지. 린네는 그것을 학문으로 만들었단다.

2. 종의 분류

손자 종뿐만 아니라 속과 분류군에 대해 말씀하셨는데, 이게 다 뭐예요?

할아버지 다시 생각해보렴. 아주 중요하니까 말이야. '끼리끼리 번식할 수 있는 전체 개체'를 한데 모은 것이 '생물종'이란다. 그다음에 우리가 이미 살펴본 대로 서로 닮은 종들이 있고, 그것들을 아울러 '속'이라고 하지. 커다란 고양이 같은 동물, 그러니까 사자·호랑이·표범·재규어 등이 동일한 속에 속해. 그것들은 각각 '판테라 레오' '판테라 티그리스' '판테라 판테라' '판테라 온카'로 명명된단다. 이 커다란 고양이 같은 동물들은 포효하지. 다른 한 고양이속으로 펠리스(Felis)라는 대규모 고양이 무리가 있단다. 큰 살쾡이, 스라소니, 집고양이와 많은 야생 고양이가 여기에 포함되지. 그 동물들의 라틴어 이름은 따로 말하지 않으마.

손자 그런데 모든 속으로 뭘 하죠?

할아버지 그것들을 모아서 하나의 범주나 더 큰 분류군을 만들지. 이를 '과'라고 해. 앞서 언급한 모든 '고양이'는 고양잇과에 속한단다.

손자　　할아버지는 이제 여러 과를 한데 모을 게 분명해요. 그러면 무엇이 되죠?

할아버지　그렇고말고. 고양잇과는 하이에나과, 개과(늑대, 개, 여우, 하이에나와 비슷한 포유류 등), 곰과(곰, 판다), 또 다른 과의 동물들과 함께 묶여 '목'이라는 아주 커다란 분류군을 이루지. 식육목 말이야. '목'은 특별한 한 형질로 정의되지. 식육목의 경우 바로 송곳니란다. 송곳니로 고기와 힘줄을 자를 수 있지.

손자　　인간과 원숭이의 경우도 비슷한가요?

할아버지　인간도 하나의 목에 속해. 영장류목, 수상(樹上)생활에 적응한 포유류목 말이야. 인간의 자연계 신분증을 제시해 줄까?

손자　　들어볼게요.

할아버지　현재 자연계에서 모든 여성과 남성은 단 하나의 종, 즉 '호모 사피엔스'에 속한단다. 그다음으로 가까운 것이 두 종의 침팬지, 그러니까 '판'속에 속하는 '판 트로글로디테스'와 '판 파니스쿠스'야. 이어 '고릴라 고릴라'라는 학명을 가진 고릴라가 있지. 이 '속' 위에 호미니드과가 있고. 여기에는 분명히 '호모, 판, 고릴라' 속, 달리 말하면 아프리카의 커다란 원숭이

혈통이 포함되어 있어. 이 '과' 위에 호미노이드초과(superfamily Hominoid)가 있고, 여기에 호미니드과와 수상(樹上) 유인원, 오랑우탄이 속한 큰아시아원숭이과가 들어 있지. 이런 식으로 영장류목까지 계속할 수 있는데, 영장류목에는 현재 약 200개의 다양한 종이 들어 있단다.

손자　러시아 인형 같아요.

할아버지　전혀 그렇지 않아. 상위 분류군에는 제각기 하나의 하위 분류군이 아니라 여러 분류군이 포함되어 있거든. 그런 식으로 계속 이어지지. 하지만 러시아 인형은 하위로 가면서 하나씩만 나오잖아.

손자　하지만 이런 종들과 이 모든 분류군을 정리하는 게 무슨 의미가 있나요?

할아버지　18세기에는 자연의 다양성을 지능적으로 조직해내는 일이 쟁점이 되었단다. 자연의 다양성은 조물주의 천부적인 재능을 반영한 거야. 오늘날 우리는 이러한 분류가 긴 역사의 결과, 즉 진화라는 사실을 알고 있지.

종의 변화를 향하여

손자 사람들은 언제부터 종이 고정불변하지 않다는 점을 이해하게 되었나요?

할아버지 그렇게 되기까지 꽤나 오랜 시간이 걸렸어. 조르주 뷔퐁(Georges Buffon)은 위대한 《박물지》를 지은 인물로 지구의 역사가 길고, 시간이 흐르면서 종이 변화했다는 사실을 초기에 이해한 사람 가운데 한 명이야. 뷔퐁은 지구의 역사를 연구하는 새로운 과학, 즉 지질학에도 관심을 가졌어. 그는 지구가 《성경》에 기술된 바와 달리 6000년보다 훨씬 더 오랜 역사를 가졌다고 생각하고 글로 쓴 초창기의 인물이지. 이로써 그는 신학자들을 상대하며 몇 가지 골칫거리를 떠안게 되었어. 오로지 박물학자들만이 과학적 관측을 통해 우리 지구의 나이에 대한 더 많은 증거를 내놓았단다. 이는 '심오한 시간'의 발견인데, 이 시간은 뷔퐁이 말한 대로 '위대한 자연의 장인'이지. 심오한 시간과 함께 종은 시간의 흐름과 더불어 변화하는 거야. 이러한 근본 지식의 진보에 기여한 이가 뷔퐁 한 사람만은 아니지만, 그 덕분에 진화론에 유리한 세 가지 기본 개념이 도출되었단다. 먼저 번식을 기초로 아주 분명하게 생물종에 대한 정의를 내렸어. 또 여러 가지 변화를 초래하는 심오한 시간의 문을 열었지. 그리고 처음으로 종이 고정불변하지 않다는 개념을 진술했단다.

손자　진화에 대해서는 말하지 않았나요?

할아버지　찰스 다윈의 할아버지인 영국의 이래즈머스 다윈 같은 박물학자와 프랑스의 모페르튀 같은 학자들이 종의 변화를 거론했지. 비록 어떻게 설명해야 할지 몰랐지만, 이러한 변이는 당시 널리 퍼져 있었단다. 뷔퐁과 함께 한 종의 다양한 개체에 의해 시간이 흐르면서 점진적인 변화가 가능하다는 발상이 등장했지. 사람들은 여전히 개체 사이의 차이가 어디서 유래하는지 알지 못했어. 그래도 가장 논리적인 발상은 여기에서 환경의 영향을 발견했다는 것이었지.

손자　그렇다면 정말로 진화는 누가, 언제 고안했나요?

할아버지　뷔퐁의 제자 장바티스트 드 라마르크(Jean-Baptiste de Lamarck)였단다. 스승과 제자가 위대한 과업을 달성하는 가운데 프랑스 사회는 상당히 변화했지. 특히 1789년 혁명과 이후 나타난 정치체제, 이를테면 제1제정과 더불어 말이야.

라마르크와 종의 변화

손자　　모든 일이 프랑스에서 일어났나요?

할아버지　물론 그렇지는 않아. 린네는 스웨덴 사람이었어. 그의 열정은 유럽의 훌륭한 지성인에게 생명력을 불어넣었지. 당시에 파리의 자연사박물관은 가장 위대한 과학 기관으로 인정받았단다. 라마르크는 하급 귀족이었는데 군에 복무하려 했지만 심한 부상으로 군직에서 멀어지게 되었어. 그래서 교양 있고 품성을 갖춘 사람들이 그랬듯이 자연의 사물들에 관심을 가졌단다. 그는 얼마 안 있어 장자크 루소와 조르주 뷔퐁 등과 만나 멋진 시간을 보냈고 뷔퐁을 통해 왕립식물원에 들어가게 되었어. 왕립식물원은 나중에 박물관이 되었지. 프랑스혁명 이후에 라마르크와 몇몇 동료가 토대를 닦은 덕분에 국립자연사박물관이 현대적인 위상을 갖추게 되었단다. 거기에서 라마르크는 교수로서 무척추동물학 강의를 맡았지. 그는 아주 빨리 야심찬 동료들을 대면하게 되었어. 조르주 퀴비에(Georges Cuvier) 같은 대단한 사람들 말이야. 바로 이런 맥락에서 1809년에 《동물 철학》을 펴냈지.

손자　　그 책에서 진화론을 제시했나요?

할아버지 그는 이미 다른 출판물에서 종의 변화 문제를 다루었단다. 말이 나온 김에 하는 말인데 생명을 연구하는 학문을 일컫는 '생물학'이라는 용어를 만든 사람이 바로 그였어. 라마르크 덕에 그때까지 순전히 기술(記述)하고 관조하는 데 그쳤던 박물학이 독립적인 연구 분야가 되었지. 지구를 연구하는 지질학을 비롯해서 라부아지에의 화학이나 라플라스의 물리학을 비롯한 많은 과학 분야가 부상하면서 박물학도 상당히 활기를 띠게 되었단다.

손자 그러면 라마르크는 적절한 시점에 이런 구상을 내놓았나요?

할아버지 과학적인 관점에서는 그랬고 정치적인 관점에서는 그렇지 않았어.

손자 왜요?

할아버지 나폴레옹은 권력을 확고하게 유지하기 위하여 얼마간 교회의 지지를 확보할 필요가 있었지. 그는 모든 사람들, 특히 학자들에게 즐겨 이렇게 말했어. "내 '성경'에 손대지 마시라!" 라마르크는 오로지 연구에 매달려 있었던 터라 자신의 이론이 정치적인 면에서 어떤 문제를 일으킬 수 있을지 전혀 인지하지 못했단다.

손자　그런데 라마르크의 이론은 어떤 것이었나요?

할아버지　그것을 종의 변이설이라고 하는데, 흔히 기린 이야기를 들어 소개하지. 당시 해부학자들은 모든 포유류는 목뼈가 일곱 개라는 사실을 알고 있었어. 그럼 기린은 어떻게 그리도 긴 목을 얻게 되었을까? 라마르크는 기린의 조상은 분명히 그보다 목이 짧았을 거라고 추정했어. 그다음에 설명하지 못하는 여러 상황 때문에 환경이 변했고, 수관(樹冠)이 더 높아지게 된 거야. 기린의 조상들은 나뭇잎에 접근해 양분을 취하는 데 어려움을 겪었단다.

손자　그래서 어떻게 되었나요?

할아버지　모든 종과 마찬가지로 이 종도 '완벽해지려는 경향'이 있는데 이러한 경향을 지각하고 있지는 않아. 하지만 기린의 조상들은 이러한 능력을 키우면서, 다시 말하면 목을 늘리기 위해 노력하고 습성을 바꿈으로써 더 긴 목을 획득했어. 기린이 된 거지. 모든 기린의 후손은 이러한 형질을 물려받아 다음 세대에 전수했지. 이것이 바로 종의 변이설이란다!

손자　　그럼 인간은요?

할아버지　　인간의 문제에 관해서는 그리 멀리 나아가지 않았어. 라마르크는 《동물 철학》의 끝에 만일 원숭이처럼 손이 네 개인 사수류가 우연히 숲 밖에 놓이면, 직립하고 양 손이 있는 동물, 서서 걸어 다니는 커다란 원숭이, 양 발을 가진 동물, 그러니까 인간이 될 거라고 적어두었단다.

손자　　네, 저도 그 내용은 읽은 적이 있고요. 무엇보다 〈종의 오디세이〉 같은 영화에서 봤어요.

할아버지　　특히나 사람들이 인간의 기원 문제를 다룰 때는 진화에 대한 순진한 개념이 문제가 된단다. 라마르크는 그후 선형으로 그리고 위계를 두어 종을 조직하는 도식을 답습했어. 심지어 오늘날에도 많은 사람들이 그렇게 하고 있고 말이야. 위대한 철학자 아리스토텔레스에게 물려받은 이 도식이 서구의 사상사를 관통했지. 다름 아닌 자연의 사다리 또는 '스칼라 나투라'란다.

손자　　그것도 알고 있어요. 그러니까 종이 연속해서 길게 이어진 거잖아요. 왼쪽에서 오른쪽으로, 가장 단순한 생명체로 시작해 계속해서 진화하고요. 오른쪽의 진화해가는 종에는 손이 네 개인 원숭이에 이어 반쯤 직립한 커다란 원숭이, 끝으로 두 발 달린 인간이 있죠.

할아버지　아주 잘 요약했구나. 이러한 도식이 도처에서, 심지어는 여러 광고에서 그리고 안타깝게도 아주 많은 교과서에서 다시 발견되지. 지나가면서 하는 말이다만 네가 정말로 적절한 단어, 이를테면 '진화해가는' '끝으로'라는 말을 쓴다는 점이 눈에 띄는구나.

'스칼라 나투라'는 최초의 세포에서 인간에 이르기까지 개체 발생에 기초한 진화 개념을 계승한단다. 이는 하나의 프로그램 또는 내적인 법칙, 따라서 어떤 목적이라는 개념을 전제하지. 이를 '목적성'이라고 해. 라마르크는 현재의 종의 사다리에 의거해서—어떻게 말해야 할까?—이 개념을 시간 속으로 이동시켰어.

손자　이해가 안 돼요!

할아버지　네가 '스칼라 나투라'는 가장 단순한 것에서 가장 복잡한 것까지 현재의 종을 선형으로 배열한 거라고 말했잖아. 라마르크는 그것으로 일종의 생명의 역사를 만들었는데, 시간이 흐르면서 가장 단순한 유기체로부터 가장 복잡한 종이 나오지. 하단에는 박테리아, 상단에는 인간이 있는 그 사다리를

'심오한 시간의 벽'에 맞대어 놓으면, 종의 변이에 대한 어떤 '관념'이 떠오를 거야. 하지만 거기에는 서구 사상의 오래된 신화를 너무 많이 일깨운다는 단점이 따른단다.

손자　어떤 것들 말이에요?

할아버지　분명히 '스칼라 나투라'가 터무니없이 부조리하지는 않아. 거기에는 여러 분류에서 재발견되는 다양한 생물계의 위계가 있어. 하지만 이러한 사다리는 현재의 종에 기초하고 있고, 이는 종종 우스꽝스러운 진화 해석으로 이어지지.

손자　예를 들면요?

할아버지　가장 유명한 예가 바로 "인간은 원숭이의 후손이다"라는 거야. 원숭이들이 손이 넷 달린 상태로 일어섰기 때문에 더 이상 진화하지 않을 거라고 여기면서 마치 인간이 전속력으로 원숭이한테서 벗어나기라도 한 것처럼 말이다. 내가 강의할 때 이런 질문을 들은 적도 있어. "왜 원숭이는 진화하지 않았나요?" 그런데 인간은 현생 원숭이의 후손이 아니고, 현재의 원숭이들도 진화했단다.

손자　할아버지는 제게 논리적으로 말씀해주셨어요. 그런데 왜 사람들은 계속해서 우리의 진화에 이런 이미지를 부여하는 거죠?

할아버지　그것은 생명에 내재하는 법칙을 전제로 하는데 바로 여기에서 진정한 문제가 비롯되지. 마치 생명이 애초의 기원에서부터 하나의 목적, 그러니까 인간의 도래라는 목적을 추구하기라도 했다는 듯이 말이야. 그러한 믿음은 우리의 여러 신화에서 비롯되고 위대한 일신교와 서구의 철학 전통에서 다시 발견되지. 또한 고인류학에서 여전히 아주 강력하게 자리 잡고 있단다.

손자　오늘날에도요?

할아버지　안타깝게도 그래! 이를테면 네가 어떤 과학적 증거도 없이 생명체 역사의 기초가 되는 내부 법칙을 발견했다고 주장하는 거야. 인간을 최종 목적으로 삼은 법칙 말이야. 그리고 각종 신문과 잡지에 네 글이 실리고 네가 라디오와 텔레비전에 출연 요청을 받기만 하면 돼.

손자　예를 하나 들어줄 수 있어요?

할아버지　영화 〈종의 오디세이〉의 초반부 장면을 예로 들어 라마르크와 종의 변이설로 다시 돌아가 보마. 그 장면에서 인

간의 조상일 가능성이 있는 어떤 존재가 사바나에 도착할 때
몸을 일으켜 세우지.

손자   그게 투마이인가요?

할아버지   아니, 케냐에서 찾은 다른 화석으로, 이름은 오로린
이다. 따라서 오로린은 손이 네 개이고 사바나 부근에서 반은
직립한 상태로 나아가 몸을 일으켜 세우고 두 발이 있는 존재
가 되었지. 사람들의 설명에 따르면 높이 자란 풀 위로 더 잘
보기 위해서였어. 바로 그렇게 한껏 허리 힘을 씀으로써 우리
가 속한 '과'의 놀라운 모험이 시작됐을 거라고 추정되지!

손자   한데 기린 목의 역사와 비슷해요.

할아버지   나무가 듬성듬성한 사바나의 특성 때문에 변이가 유
발되었다는 설은 터무니없어. 기린 목에 적용되는 나뭇잎 관
이든 영장류의 직립보행에 적용되는 웃자란 풀이든 말이야!
상당히 널리 퍼진 개념들, 그러니까 '기능이 기관을 만든다'와
'획득형질 유전'이 다시 발견되는 이상, 그건 왜곡된 라마르크
학설에 속하는 거야. 첫 번째 개념은 만일 개체가 습성을 바꾼
다면 개체는 새로운 형질을 획득한다는 사실을 전제로 해. 그
러자면 네가 이미 소유하고 있는 신체의 일부를 발달시켜야

하지. 무엇보다 네가 습성을 바꾸면서 어떻게 간과 비장, 뇌의 한 구성요소나 추가 발가락 같은 새로운 기관을 획득할 수 있을지 알아내지 못해. 이는 개체발생에 기초한 진화 개념에서 그렇듯이 모든 것이 이미 존재한다는 점을 전제로 해. 두 번째 개념은 네가 근육강화 운동을 통해 멋진 근육을 만든다면, 그걸 후손에게 물려줄 거라는 가정을 한단다. 네 아이들은 아무 노력 없이도 멋지게 발달한 근육을 갖게 될 거야.

손자　　광장한데요!

할아버지　맞아. 하지만 우리는 걷고 말하는 법을 배워야 했어. 라마르크는 그걸 잘 알고 있었지. 그가 주장한 '완벽해지려는 경향'이라는 개념은 사람들에게 비웃음을 샀지. 하지만 우리가 살펴본 대로 이러한 개념은 우리 문화 속에 퍼져 있었고 지금도 여전히 퍼져 있지. 안타깝지만 여러 과학 분야에서도 그래. 라마르크는 천부적인 재능으로, 적응할 수 있는 능력과 상황이 만남으로써 여러 혈통이 변이된다는 점을 이해했단다. 상황은 더 현대적인 용어로 말하자면 '환경 인자'라고 해.

손자　　그렇지만 할아버지는 라마르크를 상당히 비판하는 것처럼 보이는데요. 사바나에서 이루어진 직립보행의 기원과 관련한 예를 들어주실 때도 그랬잖아요.

할아버지　라마르크의 천부적인 재능은 당연히 정당하게 평가해야지. 그리고 라마르크가 생물학에 기여한 바를 당대의 틀속에 다시 놓아두어야 한단다. 나는 현재의 지식과 비교하여 라마르크를 비판하지 않아. 그건 어리석은 일이라고 생각해. 나는 과학적인 이유 없이 현재의 과학 틀에서 벗어나는 개념을 참조하는 과학자들을 비난하는 거란다. 본원적인 진화 개념, 그러니까 생명의 역사를 인도하는 내적인 힘에 대한 믿음에 의거하는 개념은—한편으로 생명의 나무에 달린 수많은 나뭇가지가 갖가지 일탈과 우발적인 일들, 과오에 속할진대—마침내 인간에 이르는 '진정한 계통학'이 존재한다는 확신을 힘들게 얻어내지. 여러 진화론에 대단한 기여를 한 라마르크의 공적을 그런 식으로 치하할 수 있는 것은 아니야. 여전히 라마르크에 관한 저주받은 전설이 존재하지.

여러 상황 때문에 혹평을 받은 위대한 학자

손자　그 전설이란 게 무엇인가요?

할아버지　라마르크는 고립돼 있지 않았고, 수많은 박물학자들이 그의 작업을 높이 평가했어. 그러한 박물학자는 생물학자로 일컬어졌지. 하지만 종의 변이 개념은 종교, 철학, 정치와 관련한 여러 이유 때문에 고정불변의 자연 개념과 충돌했단다. 위대한 퀴비에는 뷔퐁과 특히나 라마르크의 변이설을 완강하게 반박했지. 그렇지만 퀴비에는 비교해부학의 창시자야. 그러니까 다양한 종의 생체 구조 사이에 보이는 유사점과 차이점을 연구하는 학문을 창시한 사람이란다. 그는 고생물학의 위대한 선구자 가운데 한 명이기도 해. 고생물학은 사라진 생명 형태, 이를테면 사라진 동물에 관한 과학이지. 이 두 학문은 종의 진화를 이해하고 재구성하는 데 꼭 필요해. 하지만 퀴비에는 종이 변이되어 다른 종을 낳을 수 있다고 생각하지는 못했어. 그는 과학적인 차원에서 그리고 개인적인 차원에서도 라마르크의 이론을 뒤엎기 위해 모든 일을 다 했지. 주저하지 않고 불운한 동료의 유해에 대고 비방의 글이 담긴 추도사를 읊었어. 당연히 과학아카데미 사람들은 분개하게 되었고, 이리하여 저주받은 학자에 관한 전설이 시작된 거야. 이런 전설은 라마르크에 대한 기억에 연결돼 있었단다. 사실 라마르크는 평온한 삶을 누리지 못했단다. 특히 만년에는 말이야. 그리고 퀴비에와의 지독히 나쁜 관계 때문에 아무것도 해결되지 못했지.

손자　　사람들은 그의 이론을 잊었나요?

할아버지　전혀 그렇지 않았어. 그의 이론은 에티엔 조프루아 생틸레르가 이어나갔는데, 결국 1830년 파리에서 과학아카데미가 조직한 가장 위대한 과학 논쟁 가운데 하나이자 전 유럽을 조마조마하게 한 논쟁에서 퀴비에에 맞서게 되었어. 불행히도 유럽에서, 특히 영국에서 프랑스혁명으로 인한 두려움이 일고 보수 성향의 정치체제가 귀환함으로써 그의 변이론은 불리한 상황에 처하게 되었지. 생물학자들에게서는 그렇지 않았지만 말이야. 19세기에 생명과학이 커다란 한 걸음을 내디디며 전진하긴 했지만, 변이나 진화 이론들은 1809년 출간된 라마르크의 《동물 철학》과 1859년 출간된 찰스 다윈의 《종의 기원》 사이에서 답보 상태에 놓이게 되었단다.

1. 찰스 다윈의 젊은 시절: 1809~1844

손자   찰스 다윈은 누구예요?

할아버지   그는 1809년 2월 12일 영국 중부의 슈루즈버리에서
태어났어. 그의 가문은 상당히 유명한 의사 집안이었지. 할아
버지 이래즈머스는 개인적으로 영국 왕을 돌봐주는 의사가 되
기를 거부하고, 특히 박물학자로서 과학에 관련된 자신의 활
동과 시 작업에 전념했단다. 그는 《동물생리학 또는 유기 생명
의 법칙》을 지었는데 여기에서 종의 변이를 언급하고 있어.

손자   그럼 그는 라마르크를 알았나요?

할아버지　그럴 개연성이 상당히 높아. 하지만 이래즈머스 다윈의 사상은 라마르크의 사상보다 더 정연하게 체계가 잡혀 있지는 않았어. 이런 이유로 분명히 첫 번째 진화론을 일관되게 제시한 영광을 라마르크가 누릴 만하단다. 사람들은 찰스 다윈의 인생에서 끊임없이 라마르크를 다시 발견했지. 참, 찰스 다윈은 《동물 철학》이 출간된 해에 태어났어.

손자　그의 집안은 부유했나요?

할아버지　사실 귀족 가문에서 그렇듯이 부를 물려받진 않았어. 하지만 지식과 일을 통해 부를 획득했지. 다윈 집안 사람들은 자유주의자들로 학문과 상업, 산업을 통해 19세기 영국의 힘을 키우는 일에 참여했단다. 이들은 정치적으로 영국 국교에 연결되어 있는 오래된 귀족계급에서 유래한 전통 사회와 충돌했지. 찰스 다윈은 풍족하고 지성이 넘치는 환경에서 자랐어.

손자　틀림없이 착실한 학생이었겠네요.

할아버지　전혀 그렇지 않았어. 진정한 도락가라고 할 수 있지. 딜레탕트 말이다. 아주 어렸을 때는 빈둥거렸고 곤충, 이를테면 초시류와 풍뎅잇과의 다른 벌레들에 관심을 기울였지. 또 이런저런 자연의 사물들과 실험과학에 호기심이 많았어. 그는 형인 이래즈머스와 함께 여러 차례 화학 실험을 했단다. 그래서 '가스'라는 별명을 얻었지. 그를 지도한 교사는 찰스 다윈이 많은 것들에 관심을 기울일 뿐만 아니라 본질보다는 세부 내용에 정신을 팔고 시간을 보낸다며 비웃었어. 하지만 세부 내용에 대한 이러한 편집벽이 진화론 구축에 얼마나 큰 기여를 하게 될지는 상상도 하지 못했단다. 열여섯 살 때 찰스 다윈에게 심각한 일들이 시작되었어. 유명한 의사였던 아버지가 의학 공부를 하라고 그를 에든버러 대학에 보냈지. 집안의 전통이었거든.

하지만 찰스 다윈은 형편없는 강의에 염증을 느끼며 의학에 거의 관심을 보이지 않았어. 그리고 원형 강의실 의자에 앉아 있기보다 사냥을 하고 카드놀이를 하는 데 더 많은 시간을 보냈지. 계속해서 자연의 대상들에 열정을 바쳤으며 로버트 그랜트라는 사람과 관계를 맺었어. 이 사람은 라마르크의 책을 읽었고 확실히 라마르크를 만났지. 다윈은 그랜트와 더불어 아마추어 박물학자로서 진지한 첫걸음을 내딛게 되었단다.

손자　바로 거기에서 라마르크의 사상을 만나게 되었나요?

할아버지　그랜트가 알려주었지만, 찰스 다윈은 이 점을 명료하게 밝힌 적이 한 번도 없었지. 나는 심지어 찰스 다윈이 회고록에서 고의로 그걸 언급하지 않았다고 생각해. 틀림없이 영국 사회가 보이는 여러 반응 때문에 말이야. 영국 사회는 그렇게나 멸시한 프랑스혁명에서 직간접으로 비롯된 모든 것에 상당한 적대감을 보였지. 우리가 거론한 대로 라마르크의 이론은 이러한 맥락에 연결돼 있었어. 찰스 다윈은 의학 공부를 등한시했고, 그의 아버지는 대단히 화가 났지.

손자   그래서 무슨 일이 일어났나요?

할아버지   아버지는 아들 찰스 다윈이 자연의 대상들에 대단한 열정을 갖고 있다는 사실을 알고 있었어. 그는 찰스 다윈에게 케임브리지에서 공부한 뒤 목사가 되라고 '제안했지'. 목사라는 직업은 사회적으로 좋은 지위를 누리고 괜찮은 보수를 받으며 자유 시간도 많았거든. 그 시대에 자연의 대상들에 가장 많은 열정을 보인 이들은 교회에 몸담은 사람들이었단다. 케임브리지에 들어가기 위해서는 1802년에 출간된 윌리엄 팔레이의 명저 《자연신학 또는 기독교 교리의 명백한 증거 일람표》를 읽고 공부해야 했어. 네게 상기시키거니와 자연신학의 근간이 되는 개념은 창세기의 신성한 텍스트와 발전해가는 과학 지식을 양립시키려 했단다. 찰스 다윈은 더군다나 팔레이의 놀라운 논거들, 이를테면 유명한 시계 이야기에 매료되었어.

손자   시계 이야기요?

할아버지   과학의 진보로 천상계 역학의 법칙들, 이를테면 뉴턴의 만유인력 법칙, 쿨롱의 전기 법칙이나 데카르트의 광학 법칙이 명백히 밝혀졌단다. 또한 해부학과 아주 복잡한 유기체의 작동 원리도 발견되었지. 자연의 만물이 천부적인 재능을 가진 조물주가 정착시킨 정교한 법칙들과 여러 메커니즘에 의해 관리되는 것처럼 보였어. 팔레이가 제시한 시계에 관한 추론은 이런 거야. 어느 날 황량한 섬에 도착해 시계 하나를 찾아낸 너는 그 메커니즘의 정확도와 정밀함에 경탄하여 논리적으로 시계가 탁월한 지성에 의해 제작되었다고 생각하기에 이른다는 거지. 이 우화에서 시계는 자연을 표상해. 그렇다면 탁월한 지성은 누구일까, 알아맞혀보렴.

손자   분명히 그건 신이죠!

할아버지   많은 사람들이 그렇게 생각했어. 심지어 오늘날에도! 시계는 인간이 만들었다는 점을 상기시켜주마. 네가 시계가 놓여 있는 황량한 섬이라는 발상을 받아들인다면, 누군가 거기서 시계를 잊어버렸다고 말하는 편이 더 이치에 맞지 않을까? 시계는 상당히 잘 알려진 역사가 있을뿐더러 기적에 의해 황량한 섬 한가운데 나타나진 않았어. 우리는 라마르크와 다윈의 작업 덕택에 인간이 포함된 모든 종도 정확히 이와 마찬가지임을 알게 될 거야. 찰스 다윈은 바로 이 시기에 팔레이의 생각에 젖어든 것 같아. 케임브리지나 다른 대학 교원들도 이런 생각에 사로잡혔지. 어쨌거나 찰스 다윈은 자연과학 분야의 지식을 획득하면서 케임브리지에서의 공부를 조용히 마쳤단다. 따라서 목사가 될 준비가 다 되었지.

손자　그는 정말로 목사가 되었나요?
할아버지　아니, 예기치 않은 일이 일어나 목사가 되지 않았어.

손자　기적이라도 일어났나요?
할아버지　딱히 그렇지는 않았어. 친구인 헨슬로 교수가 박물학자 자격으로 영국 해군의 작은 선박에 탑승하는 데 그를 추천했단다. 당시 유럽의 대국들은 다른 대륙을 정복하는 작업에 착수했고, 영국은 그 유명한 함대를 이용해 상당히 적극적인 태도를 보였지. 종종 귀족계급 출신의 함장들이 선박을 용선했는데, 홀로 배에 탄 귀족계급 인사들은 고독을 달래기 위해 자신과 마찬가지로 상위 사회계급 출신인 학자들을 배에

태웠단다.

찰스 다윈은 1831년 9월 플리머스로 가서 대단히 보수적인 귀족 로버트 피츠로이 선장을 만났지만 비글 호 승선 문제를 매듭짓지는 못했어. 왜냐하면 경험이 없었고—하지만 어쨌거나 그의 이름은 알려져 있었지—아버지에게 허락을 구하고 여행하는 데, 특히 책은 물론이고 다양한 도구를 사는 데 필요한 돈을 요청해야 했으니까. 삼촌이 중재해준 덕택에 찰스 다윈은 아버지의 동의를 얻어 1831년 12월 비글 호에 오르게 되었단다.

'비글' 호의 대항해

손자 여행하는 동안에 찰스 다윈은 무엇을 했나요?

할아버지 그의 임무는 피츠로이 곁에 머문다는 구실 아래 온갖 종류의 식물과 곤충, 동물은 물론이고 암석의 표본을 채취하는 것이었어. 그렇게 해서 다윈을 비롯한 많은 사람들 덕분에 우리 자연사박물관이 놀랍도록 훌륭한 수집품으로 채워진 거야. 찰스 다윈은 수천 가지 표본을 건조하고 알코올 속에 보존하고 해부하고 박제했어. 그 덕택에 수백 가지의 새로운 식물종과 동물종을 발견한 (혹은 발견하게 해주는) 명민한 관찰자였음이 입증되었지. 선박이 큰 항구에 기항할 때마다 찰스 다윈은 모든 상자를 영국으로 보냈단다. 거기에서 헨슬로를 비롯한 친구들이 활발히 움직였어. 사실 찰스 다윈은 그걸 알지 못했고, 자신의 일이 과학적인 가치가 있는지 회의했어.

손자　찰스 다윈은 어디에서 그런 발견을 했나요?

할아버지　남반구에서, 특히 남아메리카와 주변에서 그리고 인도양에서 발견했지. 더불어 오스트레일리아의 여러 기항지와 아프리카에서도 약간의 발견을 했단다. 1832년 '비글' 호가 우루과이의 몬테비데오에 기항하는 동안, 그는 우편으로 현대 지질학의 창시자인 찰스 라이엘(Charles Lyell)의 《지질학 원리》 두 번째 권을 받았어. 우리는 이 위대한 인물을 다시 만나게 될 거야. 바로 이 책으로 라이엘은 영국에 라마르크의 변이설을 도입했지. 그런데 종의 변이를 옹호하기 위해서가 아니라 퀴비에의 천변지이설(天變地異說)에 이의를 제기하기 위해서였단다.

손자　천변지이설은 또 뭐예요?

할아버지　지구의 역사에서 지구가 일련의 참사를 겪었다는 내용을 담고 있단다. 퀴비에의 표현에 따르면 '지구의 대격변'이지. 그와 반대로 라이엘은 아주 긴 역사가 흐르면서 지구가 형성되었다고 보았고, 오늘날 우리가 겪고 있으며 동일한 강도로 작용하는 자연의 힘이 그 원인이라고 생각했어. 바로 이것을 '현행설'과 '균일설' 원리라고 해. 이러한 원리가 향후 다윈의 진화론에서 상당히 중요한 역할을 하게 되지. 라이엘은 초자연력도 신의 활동도 전혀 끌어들이지 않았단다.

손자　　역시나 이 여행을 하는 동안 종이 변이될 수 있다는 사실을 깨달았나요?

할아버지　그래, 아르헨티나에서 아르마딜로 화석인 글립토돈(Glyptodon)을 발견함으로써 그랬듯이 말이다(이 화석은 현생하는 아르마딜로를 연상시키지). 또 이보다 더 북쪽 지역에서 살아가는 종과 현저히 다른 종의 타조를 만났을 때도 그랬지. 그는 유사한 종들이 시공간 속에서 변화한다는 사실을 이해했단다. 그리고 갈라파고스 군도의 일화가 유명해졌지. 찰스 다윈은 이 군도에 도착해서 각 섬에 몸 크기와 주둥이가 서로 다른 방울새가 살고 있으며, 거북이와 큰 도마뱀 개체군 역시 형질이 분명히 다른 경우에도 마찬가지라는 사실을 주목하게 되었어. 섬에는 저마다 서로 구별되는 형질의 방울새, 거북이, 큰 도마뱀 개체군이 있었지. 방울새, 그러니까 오늘날 다윈의 방울새라고 불리는 방울새 연구에 의해 나중에 차이가 나는 종들이 관건이며, 특히 이 모든 종이 남아메리카에서 살아가는 단 한 종의 방울새에서 유래한다는 점이 밝혀졌지. 따라서 남아메리카 대륙에서 온 단 하나의 종으로 인해 여러 섬에 다양한 종들이 출현한 거야. 물론 적응해가는 과정에서 주둥이와 몸 크기가 달라진 것이지. 길고 가느다란 주둥이에 몸집이 작은 녀석은 곤충과 애벌레를 잡는 데 더 유리해. 주둥이가 짧고 두꺼우며 몸통이 더 큰 놈은 열매와 단단한 종자를 먹기에 더 좋고. 하지만 여전히 기본적인 문제가 남는데, 이 종들은 이런저런 환경에서 더 잘 살아남을 수 있는 형질을 어떻게 획득한 걸까? 대부분의 박물학자들은 종과 개체군이 그렇게 만들어졌다고 생각했지. 라마르크는 달리 설명해보려 했지만, 그들을 설득하지는 못했어.

손자　찰스 다윈이 그 일을 하게 되었나요?

할아버지　자연선택, 찰스 다윈은 20년 넘게 여기에 몰두하게 되지.

오랜 시간 공들여 완성한 자연선택 이론

손자　찰스 다윈은 왜 그렇게나 오랜 시간을 들이게 되었나요?

할아버지　1836년 영국에 돌아오자마자 찰스 다윈은 항해 과정에서 가져온 온갖 종류의 수집품에 대해 수십 명의 전문가들이 수행한 연구를 살펴보았단다. 그러고 나서 무엇보다 1839년 《한 박물학자의 비글 호 항해기》를 출간해 대단한 성공을 거뒀지. 그는 동료들에게 인정받았고 유명해졌으며 최고의 학술협회에 들어갔단다. 여러 학술협회 중에 아주 활발히 활동했던 지질학협회에서 라이엘을 비롯한 위대한 과학자들을 만났어. 1838년에는 지질학협회 사무총장으로 선출되었지. 그는 한 가정을 세울 나이에 접어들어 얼마간 망설인 끝에 1839년 사촌인 엠마 웨지우드와 결혼했어. 한 가지 행복은 절대로 저 홀로 다가오지 않듯이, 두 사람은 부모에게서 상당한 연금을 받았단다. 찰스 다윈은 생계를 꾸려나가는 일은 걱정할 필요가 없었지.

손자　그래서 자신의 작업에 전념할 수 있었군요?

할아버지　1837년부터 찰스 다윈은 유명한 수첩을 편집하기 시작했는데, 그 가운데 하나가 종의 변이에 대한 거야. 1842년 그는 35쪽을 종합했고, 1844년 230쪽 분량의 에세이 한 편을 완성했어. 자기 작업의 중요성을 자각한 찰스 다윈은 자신이 죽게된다면 이 에세이를 출판해달라고 요청하는 편지를 남겼지.

손자　　말하자면 유언이네요. 그런데 그는 아직 젊었잖아요. 왜 그런 불안을 느꼈나요?

할아버지　그 무렵부터 찰스 다윈은 고통으로 신음하기 시작했단다. 그의 건강이 좋지 않았던 이유에 대해서는 여전히 의문이 제기되고 있어. 그를 괴롭힌 구토와 두통, 피로는 생을 마칠 때까지 영향을 미쳤단다. 1842년 찰스 다윈은 지질학협회 사무총장 직을 사임한 뒤 가족과 함께 다운에 있는 커다란 집에 정착했단다. 다운은 런던 남쪽에서 약 30킬로미터 떨어진 곳에 있는 큰 마을이었어. 그는 병을 치료하기 위해 몇 차례 이동했을 뿐, 더는 여행을 하지 않았지.

찰스 다윈은 일지를 편집하는 일과 자연선택 이론을 다듬는 데 매진했단다. 계속해서 자신의 이론을 보강하는 증거들을 모았지. 그리고 자신의 이론이 견고하다는 점을 점점 더 믿으면서 충실한 동아리 친구들과 토론을 했어. 그러니까 라이엘, 식물학자 조지프 후커, 그리고 토머스 헉슬리(Thomas Huxely) 등이지. 헉슬리는 굉장히 놀라운 인물로 1851년부터 상당히 중요한 역할을 하게 되었단다. 이 다운 하우스의 모임에서 사람들은 과학에 대해 이야기하는 동시에 친분을 쌓았어. 모임에서 라이엘은 "하지만 친애하는 내 친구여, 그건 라마르크 이론일세!"라는 말을 던지면서 찰스 다윈을 짓궂게 괴롭히는 데 재미를 붙였지.

손자   그게 사실이에요?

할아버지   역사적인 관점에서 라마르크는 종의 진화론을 고안한 사람이야. 하지만 그가 말한 '완벽해지려는 경향'을 찰스 다윈은 조롱했는데, 이는 정당하지 않아. 라마르크는 종이 적응할 수 있는 능력이 어디에서 비롯되는지 몰랐고, 다윈은 이 점도 잘못 생각하게 돼.

손자   그럼 다윈은 무엇을 내놓았나요?

할아버지   자연선택.

2. 자연선택에 의한 종의 기원

손자   자연선택요? 설명해주세요.

할아버지   그 개념은 아주 간단해. 유성의 종은 서로 다른 개체로 구성되어 있어. 아이들은 부모를 닮고, 조금씩 다르긴 해도 자기들끼리 서로 닮지. 이를 개체 간 변이성이라고 한다. 일부 형질이 유전되는 것은 분명해. 유전 형질 말이다. 단지 모든 개체가 자유롭게 번식할 수 있다면, 양식이 충분치 않기 때문에 그들은 살아남지 못할 거야. 찰스 다윈은 재미로 만일 코끼리가 무한정 번식해서 300년에 걸쳐 암컷이 5년마다 새끼를 가진다면, 지구 전체를 점령할 거라고 계산했지. 그래서 개체군의 규모를 제한하는 인자들이 있다고 보았는데, 그것이 바로 자연선택이란다.

손자　　그 인자라는 것이 무엇인가요?

할아버지　내가 말한 대로 양이 무궁무진하지 않은 먹을거리 문제 그리고 포식자, 기생충이 있고, 경쟁 종도 관건이지. 개체는 서로 다르기 때문에 이러한 문제들에 직면해 있단다. 그러니까 일부 개체는 양분을 취하는 데 유리하고, 다른 개체는 바이러스에 저항하는 데 유리하지. 또 포식자를 피하는 데 유리한 개체가 있고, 자신의 몸을 숨기는 데 유리한 개체가 있어. 이러한 개체 가운데 일부는 충분히 오랫동안 살아남지 못하고 번식을 하지 못해. 다른 개체는 난관을 더 잘 헤쳐나가고 번식을 하지. 이것이 자연선택이란다.

손자　　간단하네요. 최선의 것들만이 살아남는다는 얘기잖아요.

할아버지　주의해라. 때때로 '적자생존'이라는 말이 거론되는데, 이 말은 틀렸어. 왜냐하면 최선, 가장 좋은 것, 또는 가장 적합한 것, 적자(適者)를 어떻게 정의할 것인가 하는 문제가 제기되기 때문이지. '최강의 법칙'이란 말도 해. 이런 적절하지 않은 표현 때문에 자연선택에 의한 진화론이 많은 비판을 받는단다.

극적이고도 간단한 예를 하나 들어볼게. 1347년 끔찍한 전염병이 유럽을 강타했지. 바로 아시아에서 온 흑사병이었어. 세 명 가운데 한 명이 넘게 죽었단다. 가장 적합한 자들만이 살아남았다고 할 수 있을까? 페스트가 들어오기 전에는 '페스트를 견뎌내는' 형질을 갖지 않은 사람들이 어쩌면 '더 적합했을지' 몰라. 하지만 페스트가 들어오면서 환경이 변해 '우연히' '페스트를 견뎌내는' 형질을 가진 사람들, 어쩌면 이전 상황에서는 덜 적합했을지도 모르는 사람들이 새로운 상황에서 '더 적합한' 상태에 놓인 거야. 그리고 나서 또 다른 질병이 들어오고, 그러한 상황이 다시 시작되지.

손자　하지만 그런 경향은 결국 멈추지 않나요?

할아버지　한 종의 개체군이 충분한 다양성을 유지하는 한, 아마도 주변 환경의 변화에 저항할 수 있는 개체들이 있을 거야. 따라서 이것은 일종의 경주란다. 이를 두고 루이스 캐럴의 동화 《이상한 나라의 앨리스》를 따라 '붉은 여왕의 경주'라고 하지.

손자　자연선택이 어린이를 위한 동화 같다는 인상이 들지는 않는데요.

할아버지　붉은 여왕이라는 이름은 어떤 한 장면에서 영향을 받은 거야. 그 장면에서 앨리스는 상상의 나라에서 뛰어가지만 풍경이 그녀를 따라오기 때문에 앞으로 나아간다는 느낌이 들지 않아. 앨리스는 왜 항상 뛰어야 하는지 이해할 수 없어. 그녀는 마음이 맞는 여왕, 그러니까 붉은 여왕을 만나게 되지. 붉은 여왕이 그녀에게 이렇게 설명해줘. "귀여운 소녀야, 이 나라에서는 제자리에 남아 있기 위해서 가능한 한 빨리 뛰어야 해." 종의 생존의 경우에도 마찬가지란다. 그러니까 끊임없이 경주를 해야 언제나 변화하는 주변 환경에서 같은 상태로 유지된다고 할 수 있지.

손자　끝없는 경주인 셈이네요.

할아버지　그 경주는 절대로 멈추지 않아. 왜냐하면 생명과 진화는 떼어놓을 수 없기 때문이지. 경주가 끝난 후에 몇몇 종은 사라지고 다른 종들이 나타나. 경주 개념을 이어가보면 이건 마치 100미터 달리기와 비슷해. 이기기 위해서는 점점 더 빨리 뛰어야 하거든. 그리고 언젠가 다른 챔피언이 등장하는 식으로 계속되지. 종의 경우에도 마찬가지야. 약간 단순한 예로, '적자생존'이라는 표현이 어떤 점에서 전혀 의미가 없는지를 보여주지. 50년 전에 100미터를 10초 만에 달린 올림픽 챔피언이 오늘날 9.73초 만에 결승선을 통과하는 자보다 덜 위대한 챔피언인가?

손자   분명히 아니죠!

할아버지   그렇고말고. 절대적으로 '더 적합한 것'은 존재하지 않아. 이는 사람들이 참여하는 경주에 달려 있어. 어떤 종은 포식자, 기생충, 식물, 악천후 등이 동반되는 자연의 공동체에서 유지되고, 이로써 많은 선택 인자들이 만들어진단다.

손자   그럼 페스트는 그런 영향을 견뎌내는 사람들을 선택했던 거네요. 이후에는 사람들이 더 이상 페스트를 두려워하지 않았다는 말인가요?

할아버지   단지 일부 인구 집단만 그랬어. 페스트에 대한 저항력이 있는 부모는 이 형질을 자기 아이들에게 전해주었지. 하지만 상당히 다행스럽게도 페스트는 모든 지역을 강타하지 않았고 다른 사람들은 다른 형질을 전해주었어. 이로써 변이성이 유지되는 거란다. 그리고 단순히 다른 사람들보다 운이 좋은 사람들이 있지.

손자　이해했어요. 그러니까 바로 변이성으로 인해 일부 인구 집단은 살아남을 수 있게 된다는 거죠? 비록 예기치 않은 변화가 일어난다고 해도 말이에요.

할아버지　바로 그거야. 유명한 예를 하나 들어주마. 찰스 다윈의 시대에 곤충 수집가들은 자작나무의 자벌레 나방 가운데 보기 드문 검은색 개체를 찾고 있었어. 이 나방은 껍질이 밝은 색인 자작나무 줄기 위에 있었지. 색이 어두운 개체들은 새들이 더 쉽게 알아볼 수 있었어. 따라서 새들은 밝은 색 개체에 호의적인 선택 활동을 한 거란다. 그랬는데 19세기 말경 검은색 개체의 수가 증가한 반면, 흔히 관찰할 수 있었던 아주 밝은 색상의 개체가 감소했지. 사실 산업혁명의 발달로 자작나무 줄기가 공장에서 나오는 각종 매연의 그을음으로 덮여버렸단다. 이번에는 짙은 색 개체에 유리한 상황이 된 거야. 오늘날 오염에 더 많이 주의를 기울이게 된 이래로 자작나무 줄기는 자연스런 색채를 되찾았고 다시 밝은 색 자벌레 나방이 주를 이루고 있어.

손자　　　이해가 안 되는 게 하나 있는데요. 산업혁명 이전에는 어째서 짙은 색 개체들이 존재했나요? 그리고 오염된 후에도 어째서 밝은 색 개체들이 존재한 건가요?

할아버지　　좋은 지적이다. 바로 그 이론의 취약점을 공략하는구나. 자연선택이 서로 다른 개체군에 어떻게 작용하는지는 잘 이해할 거야. 그런데 세대가 되풀이되면서 동일한 선택이 작용한다면 왜 이러한 변이성이 보존되는가, 이걸 물은 거지?

손자　　　네, 바로 그거예요. 앞뒤가 안 맞아요!

할아버지　　찰스 다윈과 그의 이론을 옹호한 모든 사람들 역시 상당히 당황했어. 왜냐하면 그들의 주장에 반대하는 자들이 이 문제를 그냥 지나치지 않았기 때문이지. 찰스 다윈은 사육자들이 끊임없이 어떤 일을 하는지 정확히 알고 있었어. 그들은 어떤 종의 개, 비둘기, 말의 규정된 형질을 유지하기 위해 세대가 되풀이되면서 기준에 부합하지 않는 개체를 제외했지. 심지어 표준에 가장 부합하는 개체들끼리 번식하도록 내버려 두었기 때문에 각 세대마다 다시 시작해야, 달리 말하면 선택해야 했단다.

손자　　　할아버지는 확실히 '선택해야'라고 말했어요! 그건 자연선택과 관계가 있나요?

할아버지 물론이야. 1만 년경, 세계의 여러 지역에서 농업이 발명된 이래로 경작자들과 사육자들은 놀랍도록 다양하게 식물과 동물 품종을 선택했어. 개의 모든 품종은 동일한 야생의 한 종, 그러니까 늑대에서 파생되어 나온 거야. 암소의 모든 품종은 단 하나의 야생종인 들소에서 나왔고, 수백 가지 품종의 비둘기, 닭, 밀, 쌀, 차, 사과 등의 경우에도 그렇단다. 찰스 다윈은 천부적인 재능으로 바로 그걸 이해한 거야. 선조가 되는 동일한 종에서부터—농부와 사육자가 자연의 변이성을 이용하면서 참을성 있게 선별 작업을 함으로써—놀라울 정도로 다양한 동물과 식물의 품종이 만들어졌지.

손자 하지만 농부와 사육자는 이런저런 선택을 하고, 자기네들의 필요나 선호에 따라 선별을 해요.

할아버지 문제의 핵심은 바로 '자연 속의 선택자'는 존재하지 않는다는 거야. 선택은 처분 가능한 자원에 비해 너무 많은 개체가 탄생하고 이런 괴리로 말미암아 어떤 선택이 이루어진다는 사실에서 비롯되는 것이지. 이미 네가 잘 이해한 대로 '자연선택'이라는 표현은 '인위적인 선택' 또는 사육자들이 의도한 선택을 준거로 삼고 있어. 자연 속의 '선택자'가 존재하는 경우라면 말이다.

손자   이것은 매우 분명해 보이는데요!

할아버지   오로지 그렇게 생각할 수밖에 없었지. 토머스 헉슬리는《종의 기원》이 출간되기 전에 달리 자기 의견을 표현하지 않으면서 이렇게 소리쳤단다. "어떻게 더 일찍 그걸 생각하지 못했단 말인가?"

손자   정말 찰스 다윈이 처음으로 그런 생각을 했나요?

할아버지   또다시 당황스러운 질문이로구나. 그렇게나 중요하니까 말이지. 비록 찰스 다윈은 악착같이 일에 매달린 사람이고 거의 모든 시간을 다운 하우스의 서재에서 보내긴 했지만, 많은 이들의 방문을 받았고 수백 명의 사람들과 열심히 서신을 주고받았단다. 대학교수, 박물학자, 사육자, 지성인 같은 사람들 말이다. 그는 방대한 국제 연구원 조직의 일원으로 상당히 중요한 인물이었단다. 그 시대에 지식의 진보는 고생물학 분야에서든, 동물학, 발생학, 식물학 분야에서든, 요컨대 자연사박물관에 생명력을 불어넣는 모든 과학 분야에서 아주 빨리 진행되었지. 다윈은 별 걱정 없이—그의 건강 문제는 별도로 하고—자신의 연구 활동에 전념할 수 있었기 때문에 시간을 갖고 유용한 지식을 놀랍도록 체계적으로 종합해서 이론을 구축해냈지만 고립된 천재는 아니었어. 뷔퐁과 라마르크 같은 저명한 전임자들은 물론이고 동시대인들의 작업 그리고 때때로 헉슬리·라이엘·후커 같은 친구들, 앨프리드 러셀 월리스를 포함한 많은 사람들의 작업에서 영감을 받았단다.

손자　앨프리드 러셀 월리스(Alfred Russel Wallace)는 누구예요?

할아버지　다른 많은 사람들처럼 박물학자 자격으로 여행을 떠난 젊은이였단다. 월리스는 아시아 남동부 지역과 순다 제도를 탐험했어. 찰스 다윈의 명성을 알고 있었고 우편물을 주고받았지. 그러니까 찰스 다윈에게 편지 한 통과 원고를 하나 보낸 거야. 원고에는 '원형에서 무한정 격차가 벌어지는 쪽으로 기우는 종의 경향에 대하여'라는 제목이 붙어 있었단다. 1858년 6월 18일 찰스 다윈은 우편물을 받았어. 월리스는 종의 변화와 변이에 대한 이론을 서술하고 그것을 출판할 수 있을지 가늠해달라고 요청했지.

손자　그래서요?

할아버지　충격이었어! 찰스 다윈은 2년 전부터 자연선택에 관한 위대한 책을 편집하기 시작했고 여러 장은 이미 준비가 돼 있었지. 그는 월리스의 글이 1844년에 자신이 쓴 원고를 너무도 뛰어나게 축약해놓은 것 같았다고 고백했단다. 충격을 받은 찰스 다윈은 라이엘에게 편지를 써서 자신이 추월당했다고 말했지.

손자　그래서 무슨 일이 일어났나요?

할아버지　라이엘과 후커는 자신들의 친구가 수행한 연구가 어느 단계에 이르렀는지 아주 잘 알고 있었어. 1858년 7월 1일 만장일치로 다윈의 노트와 월리스의 노트를 공동으로 발표하기로 결정했단다. 월리스의 노트에는 '여러 품종을 형성하려는 종의 경향에 대하여 그리고 자연의 여러 선택 수단에 의한 변종과 종의 보존에 대하여'라는 제목이 붙어 있었지.

손자　틀림없이 폭탄이 떨어진 것 같았겠네요?

할아버지　전혀 그렇지 않았어. 과학계는 이 기사를 주목했지만 별 반향은 없었지. 하지만 찰스 다윈에게는 기폭제가 되었다고나 할까. 찰스 다윈은 친구들의 권유를 받아 1859년 11월 마침내 자신의 작업을 책으로 출간하기로 결심했단다. '자연선택에 의한 종의 기원'이라는 제목으로 말이지. 이번에는 난리가 났지. 하루 만에 1500부가 팔려나간 거야. 대성공을 거두었으니 이제 논쟁이 벌어질 판이었지.

손자　　하지만 어째서 월리스나 심지어 라마르크는 성공하지 못했을까요?

할아버지　　역사의 장난으로 라마르크와 마찬가지로 월리스는 부당하게 빛을 보지 못했지. 비록 역사를 다시 쓰진 못한다 하더라도 월리스의 노트를 단독으로 출간했다면 별다른 주목을 받지 못했을 거란다. 월리스의 직관은 다윈에 비해 논거가 빈약했고 무엇보다 그는 무명이었거든. 그런데 월리스의 노트가 없었다면, 다윈은 친구들의 권유를 받아 표면으로 나오지는 못했을 거야. 과학계가 어떻게 운영되는지 잘 보여주는 예란다. 학술계에서 고립된 천재는 존재하지 않아. 자연의 공동체에서 고립된 종이 존재하지 않는 것처럼 말이야.

라마르크 대 찰스 다윈

손자　　하지만 본질적으로 라마르크와 다윈의 이론은 무엇이 다른가요?

할아버지　　라마르크는 종이 변화할 수 있는 능력을 가지고 있다는 점을 이해했지. 이러한 능력의 기원은 알지 못했지만 말이야. 그는 또한 환경이 변화할 뿐 아니라, 변화할 수 있는 능력 덕택에 종이 적절히 대응할 수 있다는 사실도 알고 있었어. 따라서 환경 인자들과 완벽해지려는 능력이 상호작용을 한 결과 종의 변이가 나타난다고 보았지.

손자   왜 '완벽해지려 하는' 건가요?

할아버지   변함없이 어떤 설계도에 따라 변이 혹은 진화한다는 개념, 그리고 일종의 개선이나 진보를 전제로 하는 변이 또는 진화 개념이 당시에 상당히 널리 퍼져 있었지. 이러한 생각은 항상 익숙하고 오래된 '스케일리즘', 그러니까 자연의 사다리 원리를 답습한 것이었지. 라마르크는 뷔퐁의 제자로서 동일한 종의 개체 간에 존재하는 차이를 알고 있었지만, 사실 개체와 종을 구별하지는 못했어. 개체는 변화하는 환경을 대면하여 주체가 된 거야. 우리가 살펴본 대로 개체는 변화할 수 있는 능력 덕택에 습성을 바꾸면서 새로운 형질을 획득해 후손에게 전수하지. 논리적으로 도출된 다른 한 결과는 종은 결코 사라지지 않고 변이한다는 거란다. 중대한 문제는 개체, 종, 그리고 여러 종이 죽 이어진 계통이 혼동된다는 것이었지.

다윈의 접근법은 상당히 달라. 그는 개체들이 모두 서로 다르다는 사실에서 출발했어. 개체는 서로 다른 점—일부 기생충이나 병원체에 저항할 수 있는 능력, 몸의 크기·힘·빠르기, 더 잘 협력하는 재능, 일부 먹이에 대한 선호 등—이 있을 뿐만 아니라 환경 인자들에 대면해 있지. 그리고 개체에게 혜택을 준 일부 형질은 살아남는데, 후손이 이를 물려받게 되지. 어떤 형질이 개체에 불리하게 작용해서 번식 연령 전에 사라진다면 그 형질은 유전되지 못해. 찰스 다윈이 주장하는 내용을 보면 개체는 수동적인 존재로 형질을 갖거나 혹은 형질을 갖지 않아. 바로 그렇기 때문에 선택이 거론될 수 있지. 결국 변화하는 것은 개체군이나 종이야. 이것이 '후대로 이어지면서 변화하는 것'이지.

손자 간단치 않군요. 그런데 말이에요, 라마르크도 다윈도 그러한 개체 간의 변이가 어디에서 유래하는지 설명하지 못하잖아요.

할아버지 사실 라마르크는 '획득형질의 유전'으로 비난을 받았어. '획득형질' 개념이란 유기체의 형질을 변화시키는 것이 환경과 습성—또는 습성의 부족—이며, 이러한 변화가 다음 세대에 유전된다는 말이야. 한데 찰스 다윈은 난관을 잘 헤쳐나가지 못했고, 동일한 개념을 답습한 이론에 기대었단다. 바로 '범생설(凡生說)'이지. 환경에 의해 선택받은 변이가 유전, 이를테면 몸의 크기, 힘, 털과 깃털의 색깔, 팔다리 길이, 이빨 개수 등에 영향을 미친다는 거야. 그는 영향력을 미칠 수 있는 환경에 의탁했는데, 왜냐하면 여전히 형질 변이가 어디에서 비롯되는지 이해하지 못했기 때문이지.

손자　　이번에도 똑같은 이유로 어떤 사람은 비난하지 않고 다른 사람은 비난했군요.

할아버지　　그래. 정말 놀랍게도 바로 그 시대에 고립된 연구원이자 수도사였던 그레고르 멘델이 유전 법칙을 발견했단다. 위대한 과학의 한 분야, 즉 유전학의 기초를 세운 거야!

손자　　그래서 다윈의 시대에 개체의 형질이 어디에서 나왔는지 알 수 있었을지도 모르겠네요?

할아버지　　또다시 과학이 어떻게 앞으로 나아가는지 보여주는 작은 교훈인 셈이지. 우리는 이미 이러한 문제를 언급했어. 고립된 천재는 고립된 채로 남아 있다고 말이야. 멘델은 과학계에서 멀리 떨어져 오스트리아의 수도원에서 완두콩의 여러 품종을 재배하면서 여러 가지 실험을 했단다. 그는 몇 권의 회고록을 출간하고 나서 젊은 날에 자신이 수행한 과학 활동을 단

념하고 수도회 일에 몰두했지. 이후 20세기 초에 멘델의 법칙들이 재발견되었고, 이번에는 과학계의 상황이 더 유리했어.

손자 어머나, 과학은 정말 만만치 않은 분야네요.

할아버지 하지만 바로 그런 식으로 사람들은 앞으로 나아가고 동료들과 생각을 주고받으면서 새로운 지식을 보강하지. 오랫동안 공들여 다듬은 자연선택 이론은 찰스 다윈의 작업만큼이나 친구들은 물론이고 반대자들의 준엄한 비판 덕에 나온 거란다. 형질의 기원과 변이성에 대한 핵심 문제로 돌아가 보면, 다윈은 또 하나의 선택 방식을 만들어냈지. 바로 자웅선택이야. 사람들은 이러한 선택 방식은 거의 언급하지 않아. 1871년 찰스 다윈은 《인간의 혈통, 성과 관련된 선택》이라는 책에서 그걸 제시했지.

변이의 한 원천: 자웅선택

손자 '자웅선택'이란 게 뭐예요?

할아버지 유성 종의 개체들이 번식을 하기 위해 특정 상대 또는 여러 상대를 선택하는 거란다. 수컷은 어떻게 일부 암컷을 더 좋아하고, 암컷은 어떻게 일부 수컷을 받아들이거나 그렇지 않은지 설명할 수 있어. 이를 두고 상반되는 성의 개체 사이에서 이루어지는 '자웅' 경쟁이라고 한단다. 동일한 성의 경쟁자들을 떼어놓기 위해 한편의 수컷들 간에 그리고 다른 한편의 암컷들 간에 경쟁하는 경우도 있는데, 이를 두고 '성 내부의 경쟁'이라고 하지. 이러한 '사랑 놀음'은 종에 따라 모든 조합에서, 심지어 동일한 한 종의 개체군 사이에서 드러난단다. 그러한 놀이가 언제나 다정해 보이는 것은 아니야.

손자　　몇 가지 예를 좀 들어주실래요?

할아버지　가장 유명한 것은 수사슴과 암사슴의 예란다. 수컷은 요란하게 힘을 과시함으로써 다른 수컷들을 멀리 떼어놓기 위해 할 수 있는 일을 다 해. 위엄 있는 태도로 뛰고 인상적인 울음소리를 내지르고 커다란 뿔을 흔들고 자기 영역을 조금씩 침범하는 다른 수컷을 공격하지. 수사슴은 여러 암사슴을 독차지하고 다른 수컷들을 멀리 떼어놓으려면 강해야 해. 이러한 수컷 간의 경쟁에 의해 암컷보다 두 배나 크고 소위 부차적인 형질을 갖춘 개체들이 선택된단다. 그런 형질의 기능은 견제를 하고 필요하다면 전투 시에 무기의 구실을 하는 것이지. 수컷과 암컷은 몸의 크기와 형태가 다른데 이를 '성의 이형'이라고 해. 성 내부의 경쟁이 어떤 효과를 낳는지 아주 적절히 보여주는 예란다.

손자   언제나 그런 식으로 작동하나요?

할아버지   어떤 종 안에서 한쪽 성, 대개 수컷이 다른 쪽 성에 속하는 여러 개체를 자기 것으로 만들려고 애쓰면 그렇게 되지. 여러 암컷을 거느리는 일부다처의 생활상을 보여주는 예로 사자, 고릴라, 비비원숭이, 바다코끼리를 들 수 있겠다. 하지만 암컷 하나가 여러 수컷을 거느리는 '일처다부' 방식도 있어. 이를테면 아름다운 새인 자카나류의 경우에 암컷이 수컷보다 두 배 더 크지. 거느리는 무리를 유지하기 위해 성 내부에서 벌이는 경쟁으로 항상 한쪽 성 또는 다른 쪽 성의 경우에 심한 성의 이형이 나오게 된단다.

손자   다른 쪽 성에 속하는 친구들은 무엇을 하나요? 가장 강한 짝을 선택하나요?

할아버지   반드시 그렇지는 않아. 두 번째 단계로 성 간의 경쟁이 벌어진단다. 멋진 수사슴이 마음에 들지 않으면 암사슴은 다른 수사슴을 보러 가지. 고릴라의 경우, 암컷은 커다란 수컷의 보호를 받겠다고 마음을 먹어. 하지만 암컷이 실망하는 경우에는 다른 수컷한테 가지. 수컷이 암컷을 상대하면서 폭력적인 태도를 보이는 일도 있어. 바다코끼리나 비비원숭이의 경우에 그래. 그게 규칙은 아니라고 하더라도 말이야.

손자   성이 다른 상대 사이의 선택도 설명해주세요.

할아버지   성 간에 벌어지는 경쟁의 결과는 마음을 사로잡는 모든 것에 영향을 미친단다. 그러니까 노랫소리, 뽐내고 으스대는 몸짓들, 색채, 무성한 털과 깃털 말이야. 가장 적절한 예는 조류에서 볼 수 있어. 이를테면 멋진 극락조 같은 녀석들 말이다. 수컷은 번식 기간에 좋은 장소, 한 귀퉁이의 땅이나 햇빛이 아주 잘 드는 나뭇가지를 따로 마련해두기 위해 서로 싸우지. 그곳에서 암컷을 끌어당기기 위해 뽐내고 으스댄단다. 상대를 고르는 쪽은 바로 암컷들인데, 자기네들을 유혹할 수 있는 것들을 선택하지. 색채와 노랫소리, 깃털 따위는 바로 이럴 때 쓰이는 거란다.

손자   하지만 말이에요, 이렇게 화려한 모습을 과시하면 포식자들의 눈에 띌 우려가 있지 않나요?

할아버지   진화론자들, 동물의 습성을 잘 알지 못하는 이들의 머리에서 떠나지 않고 되풀이되는 질문이 바로 그거야. 먹잇감을 겨냥할 때 포식자는 바로 위에 자리를 잡지. 다른 것들의 움직임은 중요하지 않아. 만일 포식자들이 가장 화려하고 힘이 넘치는 개체들만 공격한다면, 이들이 어떻게 번식하기 전에 살아남을 수 있는지 의문이 들 거야. 먹잇감들은 사실 호락호락하지 않고 포식자가 하는 일은 위험에 처하게 돼. 바로 그 때문에 약하고 아프거나 산만한 개체를 공격하려 들지. 사실 너를 놀라게 할지 모르겠다만 어떤 종의 먹이, 그러니까 순록을 예로 들어보자. 이 녀석은 늑대 같은 포식자가 고약하게 처신하는 만큼이나, 아니 더욱 고약하게 처신하지. 가장 공격받기 쉬운 개체를 제거하면서 늑대는 개체군의 과밀, 식물 자원의 고갈, 질병의 확산을 방지하는 거야. 포식을 한 결과 그들의 일은 더 어려워진단다.

네 질문에 대답하기 위해 '핸디캡 이론'을 들어볼게. 가장 눈에 잘 띄는 개체들에 대해 말하자면 깃털, 뽐내기, 요란한 울음소리가 정력을 드러내기도 하지만 생존에는 핸디캡이 된단다. 그들이 눈부신 매력을 발달시킬 수 있었던 이유는 최고의 자원을 확보해 자기 영역을 수호할 줄 알았고, 무엇보다 탁월한 개별 조건을 향유했기 때문이지. 그러한 조건의 일부는 유전성이야. 그래서 이중의 메시지를 전하지. 나는 이성에게 좋은 상대이다. 그리고 포식자가 잡기에 쉽지 않은 개체라는 전언 말이다. 두 경우 모두 '아마추어에게 전하는 말'이라고 할 수 있겠지만 이유는 같지 않아.

손자　하지만 모든 종의 성 사이에 그만큼 중요한 차이가 있는 것은 아니죠?

할아버지　전적으로 네 말이 옳아. 말이 나왔으니 하는 말이지만 '성 전문가들'이, 수컷은 자연스럽게 가능한 한 가장 많은 수의 암컷을 정복하려는 경향이 있는 반면, 암컷은 새의 경우에 알을 품어야 한다거나 포유류의 경우에 임신을 한 다음 태어난 새끼들을 돌봐야 하기 때문에 보기 드물고 훌륭한 상대를 잘 선택하는 데 관심을 기울인다고 주장했을 때 나는 놀랄 수밖에 없었단다.

일부일처를 유지하는 종들이 존재해. 조류에서는 많이 찾아볼 있고 포유류에서는 훨씬 드물지. 이 경우 성 내부의 경쟁은 아예 없거나 거의 없지만, 성 간의 경쟁은 치열하단다. 따라서 성의 이형은 존재하지 않거나 거의 없는데 어떤 경우에는 아주 멋진 깃털이 선택될 수 있어. 이를테면 앵무새의 경우에 말이야. 일부일처제 방식은 둘이 짝을 이루어 많이 돌봐주고 보호해야 하는 새끼를 기를 필요가 있다는 사실하고 관련이 있지. 포유류의 경우에 일부일처 방식은 보기 드문데 남아메리카의 작은 원숭이들, 이를테면 명주원숭이와 기괴한 모습의 작은 원숭이들에게서 관찰된단다. 암컷 하나가 새끼들을 돌보는 여러 수컷과 살아가는 일처다부도 찾아볼 수 있고 말이야.

손자   다른 사례들이 있나요?

할아버지   물론 있지. 대단히 다양한 상황이 관측돼. 동일한 규칙으로 여러 수컷과 다 자란 암컷들, 그들의 새끼들이 한데 어울리는 복잡한 사회에서 그렇지. 만일 늑대의 경우처럼 말이야, 안정적인 한 쌍이 집단을 통솔한다면 성의 이형은 거의 없어. 만일 하이에나와 마찬가지로 암컷이 지배한다면, 수컷이 암컷보다 훨씬 크진 않아. 만일 수컷끼리 경쟁하지만 어느 정도의 관용이 베풀어진다면 그것들은 암컷보다 약간 더 커. 침팬지의 경우가 그렇지. 하지만 성 내부의 경쟁이 더 심해진다면, 암컷에 비해 적어도 1.5배는 큰 수컷이 관찰된단다. 비비원숭이처럼!

손자   수컷 간에 벌어지는 성 내부의 경쟁에 대해서만 말하는 거예요?

할아버지   그렇지 않아. 자카나류에 대해서 말했잖니. 야생 포유류의 경우 하이에나처럼 암컷이 수컷보다 더 큰 경우는 드물어. 두 가지 방향으로 조류에게서 더 많은 변이가 나타나지.

그렇게 해서 많은 맹금류, 짝을 지어 살아가는 새매 같은 맹금류는 암컷이 수컷보다 더 크단다. 그리고 곤충의 경우 암컷은 종종 수컷보다 몸집이 훨씬 더 크고. 포유류의 경우 암컷이 어려운 조건에 처해 있다는 점을 지적할 수 있겠다. 조류의 경우 종에 달려 있어. 한편 곤충 수컷의 조건은 정말로 위험한데, 특히 사마귀와 수컷 거미의 경우가 그렇지.

자웅성은 어디에 쓰일까

손자   조그마한 것들이 가엾네요!

할아버지   그리 적절한 말이라고 생각하지는 않을 게다. 사실 때로 자웅성에 어떤 이점이 있는지 의구심이 들기도 하지. 암컷은 수컷을 만들면서 일부 형질을 손상시키는 대신 어린 암컷만을 만들어 자기네 형질을 더 효율적으로 확산하면서 상당히 잘 번식할 수 있을 거야. 이를 두고 '수컷이라는 짐'이라고 하거나 더 반어적으로 '필요한 수컷'이라고 한단다. 예를 들어 미국 사막 지역의 도마뱀 종에는 오로지 암컷으로만 구성된 개체군이 있어. 이런 종은 처녀생식으로 번식을 해. 난자가 정자에 의해 수정되지 않은 채, 따라서 수컷이 개입되지 않은 채 난으로 성장해서 새끼를 낳는다는 말이란다. 반대로 두 성이 존재하는 다른 도마뱀 종에서 그렇듯이 이러한 암컷들이 뽐내고 으스대는 모습이 관측되지. 이 말은 처녀생식을 하는 이러한 종의 조상은 유성 종이었다는 거야.

손자　하지만 왜 수컷을 없앤 거죠?

할아버지　이러한 도마뱀은 포식자와 경쟁자, 병원체가 거의 없이 상당히 안정된 환경에서 살아가지. 이 경우 변이성은 이렇다 할 이점을 가져다주지 않고 이는 처녀생식에 유리하게 작용한단다. 하지만 더 복잡한 환경에서는 다른 식으로 진행되지. 독성이 있는 병원체가 동질적인 개체군에 나타난다면, 이것은 아주 빨리 사라진단다. 그러니 수컷의 역할을 이해하겠지? 그러니까 수컷은 변이성을 유보해둔 존재인 셈이고, 이는 필요한 동시에 대가가 따르는 일이지.

무성생식과 유성생식을 번갈아 이용해 번식하는 유기체들이 있어. 이를테면 해면동물, 몇몇 곤충과 지렁이류에 속하는 다른 벌레들 말이다. 이러한 유기체가 별다른 제약 없이 자유롭게 환경을 이용할 수 있을 경우 무성생식을 선택하지. 하지만 경쟁이 더 심해지자마자 변이성이라는 카드를 이용해서 유성생식을 선택한단다. 가장 복잡한 행동을 하는 종은 모두 유성 종이지. 이를테면 조류와 포유류 말이다.

손자   하지만 식물에도 유성생식이 있나요?

할아버지   그렇고말고. 자웅성이 나타난 것은 20억 년이 넘었어. 이는 우리 세포와 같은 진핵세포로 구성된 더 복잡한 유기체에 해당되는데, 이러한 세포에는 유전의 매체인 유전 물질이 들어 있지. 다른 종의 유기체들이 복잡하게 상호작용을 하면서 생태계가 부상하기도 했어. 자웅성에 의해 다양성과 혁신의 경주가 시작된 거지.

손자   또다시 붉은 여왕이네요.

할아버지   그래, 완벽하게 이해했구나.

손자   단순한 동시에 복잡해요. 하지만 동물들한테서 왜 그만큼이나 차이가 나타나는 건가요?

할아버지   할아버지가 말한 몇몇 규칙을 이해했다면, 자웅선택 주제에 관한 모든 변이를 더 쉽게 해독할 수 있어. 자웅성에는 본질적인 기능이 하나 있어. 그러니까 서로 다른 두 개체가 만나서 만들어내는 아이들이 차이가 나게 되는 거야. 상대를 선정함으로써 형질이 선택되고, 일부는 아이들에게 유전될 거야. 이러한 형질이 혼합된 것도 마찬가지고 말이야. 자웅성은 선택 작업을 수행하지. 새로 다양한 개체들을 만들면서도 개체를 없애지는 않은 채 말이다. 이러한 선택으로 일부 개체는 다른 것들보다 더 왕성하게 번식하며, 자기네 형질을 다음 세대에 더 많이 전수하지. 이런 사례들이 한 세기 반 전에는 잘 알려져 있지 않았지만, 찰스 다윈은 당대의 사례들을 모아서 일관된 과학 이론, 진화론에 통합했단다. 자연선택과 자웅선택이라는 두 가지 과정을 제시하면서 말이야.

다윈의 사망과 라마르크의 부활

손자　개체들은 모두 서로 다르고, 일부 개체는 질병을 더 잘 견뎌내요. 일부 개체에게는 운이 따르고 다른 개체에게는 그렇지 않죠. 일부는 다른 쪽 성의 개체 곁에서 더 많은 성공을 거두고요. 이런 걸 아는데요. 찰스 다윈을 둘러싸고 왜 물의가 빚어진 건가요?

할아버지　인간 때문에, 그리고 인간이 바로 인간에게서 만들어졌다는 생각 때문에 그랬지. 서구 문화, 지중해 유역과 고전 시대의 그리스, 위대한 일신교 문화에서 인간은 특별한 존재였단다. 철학자들은 인간이 이성을 비롯한 고상한 정신을 별도로 부여받은 동물이라고 생각했지. 여러 종교에서 인간은 창조자의 형상을 본뜬 피조물이야. 다윈은 이 모든 전통을 거꾸로 해석했어. 인간에게 하나의 자연사가 있으며 인간의 조상은 인간이 아니었다고 주장했지.

손자　변함없이 "인간은 원숭이의 후손이다"는 거였군요!

할아버지　바로 그거야. 1872년 다윈은 《인간과 동물의 감정 표현》을 출간해 종교적인 믿음, 철학적인 확신과 충돌하는 연구 프로그램을 제시하면서 심지어 더 멀리 나아갔단다. 달리 말하면 인간이 지닌 모든 차원 높은 능력, 이를테면 도덕, 다른 사람에 대한 배려나 호감, 다른 사람을 대표하는 것이나 감정이입, 웃음, 화 등은 우리가 우리와 가장 가까운 종인 원숭이와 공유하는 자연사에서 비롯된다는 주장이었지.

손자　그래서요?

할아버지　오늘날과 마찬가지로 지난날, 대단히 훌륭한 이 책은 거의 언급되지 않았어. 더군다나 앞서 1871년에 나온 《인간의 혈통, 성과 관련된 선택》도 마찬가지야. 이 두 책을 한 권으로 만들어야 했어. 이 책들은 인간과 인간의 전체 모습을 자연사 속에 배치했기 때문에 기존 관념을 뒤흔들어놓았지. 그래서 사람들은 긴 시간을 잃게 되었어. 한 가지 예를 들까? 선사학은 바로 이 시대에, 1860~1870년대에 시작되었지. "인간은 도구를 사용하는 동물이다"는 확신을 가지고 말이야. 그런데 찰스 다윈은 1843~1844년 두 탐험가 사베지와 와이먼에 대해 쓴 기사를 인용했어. 그들은 서부 아프리카의 침팬지들이 도구를 사용해서 호두를 깨부수는 것을 관찰했단다.

손자　믿을 수 없어요!

할아버지　사람들은 믿고 싶어 하지 않는다고 해두자. 아프리카에 있었던 인간의 기원에 대한 탐색에 해당되든 아니면 침팬지 같은 우리와 가장 가까운 종의 행동에 대한 연구에 해당되든 한 세기를 잃게 되었지. 하지만 가장 놀라운 점은 심지어 찰스 다윈의 가장 가까운 친구들, 그러니까 헉슬리 같은 친구들과 특히 월리스는 진화론에 의거하여 인간에 적용되는 그의 논리를 따라가느라고 애썼다는 거야.

손자　그래서 언제부터 다윈의 이론이 생물학계에서 인정받게 되었나요?

할아버지　20세기 중반 《종의 기원》 출간 100주년을 앞두고서 그랬지. 여러 진화론의 변화 양상을 알아보기 전에 찰스 다윈이 내세운 이론 가운데 가장 중요한 측면을 짤막하게 요약한 것을 보여주마. 내용은 다음과 같다.

찰스 다윈의 이론은 모든 사람이 인정하는 세 가지 명백한 사실에 근거한단다. 바로 각 세대에 과잉 생산되는 개체와 이 개체들 간의 형질 변이 그리고 이러한 형질의 유전이지. 농부와 사육자들은 선택을 하면서 그리고 수천 년에 걸쳐 몇몇 야생종으로부터 수천 가지 식물과 동물 품종을 만들었지. 찰스 다윈은 자연 속에서 행해지는 이러한 변이 및 선택 메커니즘을 전환해서 자연선택을 발견했단다. 자연선택은 지구의 역사가 이어지는 장구한 세월에 걸쳐 수행되지.

손자   하지만 농부들은 단지 품종을 만들어냈을 뿐이지 새로운 종을 고안하지는 않았잖아요.

할아버지   사실 그래. 자연 속으로 나아가 진화의 시간 층위에 멈추어본다면, 종 간의 친족 관계를 기술하는 여러 분류는 진화의 결과란다. 왜냐하면 찰스 다윈의 경우, 나름의 방식대로 생각한 라마르크와 마찬가지로 살아 있는 모든 유기체는 단 하나의 공동 조상에서 나왔다고 보았기 때문이지. 생명의 역사가 이어지는 동안 공동 조상으로부터 그러한 유기체가 분기되어 나온 거야. 고생물학과 화석은 매일 이에 관한 증거를 내놓고 있지. 생물학도 마찬가지야. 살아 있는 모든 유기체는 동일한 유전 암호, 동일한 아미노산 등을 가지고 있으니까 말이다. 앞으로 우리는 그러한 내용을 살펴보게 될 거야.

그렇지만 여전히 해결되지 않는 커다란 문제가 남아 있지. 바로 형질 변이의 기원 말이다. 자연선택과 자웅선택이 변이성에 작용을 하긴 하지만, 라마르크도 찰스 다윈도 끊임없이 새로워지는 이러한 변이성이 어디에서 유래하는지 알지 못했단다.

손자　　그의 이론은 자신의 생애 말년에도 여전히 제대로 이해받지 못했나요?

할아버지　　그랬지. 찰스 다윈은 자신의 이론에서 무엇이 파생되어 나오는지 지각하고 있었단다. 1882년 그는 죽었어. 그를 매장하는 과정에 예배가 예정되어 있었지. 마지막으로 찰스 다윈의 친구들이 개입해서 웨스트민스터의 대사원에서 그의 천부적인 재능과 영향력에 걸맞은 장례식을 치르게 되었단다. 그의 묘지는 뉴턴의 묘소 부근에 있어. 이날 〈타임스〉지는 '생물학의 뉴턴'이 이룬 과업에 찬사를 보냈단다.

손자　　이로써 프랑스의 라마르크가 되기보다 영국의 찰스 다윈이 되는 편이 낫다는 사실이 입증되었네요.

1. 유전학과 유전학의 결과

손자 　그러니 찰스 다윈이 모든 것을 다 발견하지는 않았다는 건가요?

할아버지 　물론 아니고말고. 뉴턴, 파스퇴르나 아인슈타인과 마찬가지로 말이야. 진화론을 약화시킬 속셈으로 이런 점을 지적하는 사람들은 과학에서 아무것도 이해하지 못한 거란다. 하지만 찰스 다윈이 쓴 내용 가운데 단순해 보이는 것들을 이해하는 데 시간이 걸렸지. 때로는 한 세기 넘게 말이다.

손자 　할아버지, 주요 문제 가운데 하나는 형질과 그 변이의 기원이라고 했잖아요.

할아버지　사실 그렇지. 이 문제에 답하기 위해 라마르크와 찰스 다윈 그리고 다른 사람들은 환경이 형질을 변화시키고 이러한 변화가 다음 세대로 유전된다고 가정했단다. 네가 정말로 원한다면 우선 형질의 기원 문제에 앞서 획득형질의 유전 문제에 대해 답해주마.

손자　들어볼게요.

할아버지　음, 그러니까 두 가지 성의 생쥐 꼬리를 잘라서 이 문제를 마무리 지은 이는 바로 독일의 아우구스트 바이스만(August Weismann)이란다.

손자　네…….

할아버지　그는 생쥐들이 자기네끼리 번식하도록 내버려두었어. 생쥐 새끼들이 꼬리를 가졌을까, 갖지 않았을까?

손자　분명히 꼬리를 가졌죠!

할아버지　결론을 말하면 '절단된 꼬리'는 획득형질로 다음 세대에 유전되지 않았어. 바이스만의 실험 덕택에 두 가지 유형의 세포, 바로 체세포와 생식세포를 밝혀냈단다. 체세포는 네 몸의 세포란다. 생식세포는 생식에 쓰이고 네 아이들에게 유전되는 세포이지. 정자나 난자 말이야. 이런 생식세포만이 후손에게 형질을 전수하지. 네가 살아가는 동안 네 몸에—따라서 체세포에—일어날 수 있는 것은 생식세포 속에서 전혀 발견되지 않고, 네 아이들에게서도 마찬가지란다. 이렇게 획득 형질 유전설은 종말을 맞았단다. 1892년 바이스만은《유전과 자연선택에 관한 에세이》를 출판했지. 이 시대에 바이스만은 월리스와 함께 찰스 다윈의 발상을 지지했던 보기 드문 사람이었어. 여전히 진화가 이런저런 소소한 변이를 기반으로 자연선택에 의해 이루어진다는 발상 말이지. 월리스는 이른바 '다윈주의'를 옹호했고 바이스만에 대해서는 '신(新)다윈주의'라는 말이 거론되었어. 그가 진화론에 유전을 포함했기 때문이지.

손자　　좋아요, 하지만 형질 변이의 기원 문제는 여전히 설명이 안 돼요.

할아버지　어쨌거나 이로써 환경이나 습성 때문에 형질 변이가 일어난다는 집요한 개념이 배제되었단다. 환경은 아무것도 창조하지 않고, 단지 선택하게 할 뿐이지. 이에 대한 답은 유전법칙, 즉 유전학의 발견을 통해 찾게 된단다. 이때 사람들은 매우 중요한 사실 하나를 이해했는데, 바로 아이들을 구성하는 데 엄마의 유전 형질이 할아버지의 유전 형질만큼 개입한다는 것이었지.

손자　저를 놀리시는 건가요?

할아버지　절대로 그렇지 않아. 왜냐하면 아리스토텔레스와 고대 그리스 이래로 시대에 뒤떨어진 남성우위론이 지배했기 때문이지. 난자는 단지 하나의 저장소에 불과하고 그 속에서 수컷의 씨가 성장한다고 가정하는 이론 말이다.

손자　못 믿겠는데요.

할아버지　가장 믿을 수 없는 점은, 우리가 인류의 기원에 대한 문제에서 이러한 믿음을 다시 발견하게 된다는 거야. 그동안 루이스 모건(Lewis Morgan)이 초파리의 염색체에 대해 자신이 수행해온 탐색 작업을 발전시켰고, 20세기 초에 휴고 드 브리(Hugo de Vries)를 비롯한 이들이 멘델의 법칙을 다시 발견했지. 사람들은 형질이 '유전자'에 의해 전수된다는 것을 이해하게 됐어. 비록 유전자가 무엇이며 어떻게 만들어지는지는 몰랐지만 말이야.

손자　　이 멘델의 법칙이란 게 뭐예요?

할아버지　　인간에게서 예를 하나 들어볼게. 네 눈은 푸른색이고 내 눈은 밤색이지. 한 유전자에 의해 푸른색 눈이 생겨나고, 다른 한 유전자에 의해 밤색 눈이 나오지. 밤색-푸른색 조합의 눈을 가진 사람은 아무도 없어. 그중 어느 한쪽이거나 다른 쪽이 되지. 하지만 둘 다 밤색 눈을 가진 부모에게서 푸른색 눈을 가진 아이 한 명 또는 여러 명이 나오는 경우가 있어. 이것을 어떻게 설명할 수 있을까? 멘델은 형질이 유전자에 의해 결정된다는 사실을 발견했단다. 이 유전자 가운데 일부가 다른 유전자를 지배한다는 거야. 나는 지금 우성 유전자와 열성 유전자를 얘기하고 있단다. '밤색 눈 유전자'는 우성 유전자이고 '푸른색 눈 유전자'는 열성 유전자야. 그렇게 해서 나처럼 밤색 눈을 가진 사람은 '밤색 눈 유전자' 두 개를 갖거나 '밤색 눈 유전자' 하나와 '푸른색 눈 유전자' 하나를 가질 수 있는데, 이 푸른색 눈 유전자는 표현될 수 없단다. 푸른색 눈을 가지려면 푸른색 눈 유전자가 두 개 필요하지. 따라서 부모가 모두 '밤색 눈 유전자' 두 개를 가지고 있다면, 그들이 푸른색 눈 유전자를 지닌 아이를 가질 가능성은 전혀 없어. 하지만 각각 '밤색 눈 유전자' 하나와 '푸른색 눈 유전자' 하나를 가지고서 둘 모두 눈이 밤색이라면, 그들이 밤색 눈의 아이를 가질 확률은 4분의 3이고 푸른색 눈의 아이를 가질 확률은 4분의 1이지.

손자　　유전학이란 게 간단치 않네요. 하지만 좀더 잘 이해하게 되었어요. 그런데 열성 유전자는 절대로 사라지지 않나요?

할아버지　전부 다 없어지진 않아. 일부는 아주 잘 사라지고 다른 일부는 그렇지 않단다. 최근에 신문에서는 '금발이 사라진다', 따라서 푸른 눈이 사라진다는 내용이 보도되었지. '푸른 눈을 가진 금발머리'의 비율이 한 세기 전부터 감소해왔지만, 열성 유전자라서 사라질 개연성은 거의 없어.

손자　　왜요?

할아버지　바로 거기에서 자웅선택이 다시 발견되지. 비록 성에 관련된 기호가 두 가지 성의 푸른 눈을 가진 금발의 개체에 배치된다고 하더라도—이는 그 경우가 아닌데—'푸른색 눈 유전자'는 열성 유전자이기 때문에 우성 유전자 뒤로 '모습을 감출' 수 있으니까 부분적으로 선택에서 벗어나지. 사람들은 또한 유형의 개체가—금발 개체, 그리고 푸른 눈을 가진 금발 개체의 경우 그렇게 가정하듯이—더 희소해질 때 그들에게 더 많은 성욕을 느낀다는 거야. 이를 두고 '희귀한 유형의 이점'이라고 해. 이로써 한 번 더 변이가 유지된단다.

손자　따라서 열성 유전자는 절대로 사라지지 않는 거로군요.

할아버지　사라지긴 하지만, 그리 쉽게 사라지진 않지. 금발의 경우에는 다행히도 말이야. 안타깝게도 어떤 이점이 알려져 있지 않은 채로 유지되는 열성 유전자 사례가 존재한단다. 소인증—난쟁이와 균형이 맞지 않는 그들의 몸—또는 백피증의 원인이 되는 유전자들 말이야. 이러한 개체는 피부와 머리카락의 색소가 전혀 없는데, 거의 모든 포유류 혈통에서 이 유전자가 발견되고 있어. 소위 유전병의 사례도 그래. 매년 갖가지 유전병이 장황하게 거론되고 있지.

손자　네, 끔찍해요. 유전학은 전혀 호감이 가지 않아요.

할아버지　확실히 자연은 완벽하지 않고, 일부 개체의 경우, 때로는 심지어 한 개체군의 층위에서도 막대한 대가를 치르기도 해. 멘델 유전학의 예를 하나 더 들어줄게. 이른바 '낫 모양의 빈혈' 사례란다. 유전학자와 의사들은 몇몇 인간 집단이 어떤 질환을 키우는 경향이 있다는 점을 관찰했지. 이런 빈혈에 의해 적혈구 형태가 일그러져 낫 모양을 띠게 되었고, 이 병에 걸린 사람들의 건강이 나빠졌단다. 또한 이 사람들이 말라리아에 대한 저항력이 더 크다는 사실도 밝혀졌지. 말라리아는 현재 지구상에 가장 널리 퍼진 질병 가운데 하나야. 각종 유전학 연구에 따르면 두 유전자, 다시 말해 정상적인 A 유전자 그리고 변이 형태인 a 유전자가 문제가 돼. AA 개체는 각 세대에 인구의 4분의 1을 차지하고, 해당 개체는 빈혈로 고통을 겪지는 않지만 말라리아에 민감하지. Aa 개체는 각 세대에 인구의 절반을 차지하며, 빈혈에 의해 영향을 받긴 하지만 말라리아에 대한 저항력이 있어. aa 개체로 말하면 인구의 마지막 4분의 1을 차지하고 그들은 유년기에 사망한단다.

손자   끔찍해요!

할아버지   이를 두고 '유전의 짐'이라고 하지. 인구가 살아남기 위해 각 세대에서 치러야 할 대가란다. 오늘날 이 질병의 원인은 알려져 있어서 의학계에서는 대비할 수 있게 되었어. 미디어에 주의를 기울인다면, 너는 여전히 말라리아와 낫 모양의 빈혈 문제가 전 세계적으로 가장 큰 보건 문제 가운데 하나라는 사실을 알게 될 거야. 하지만 이 질병은 늪지와 습지, 그러니까 부유한 선진국에서 멀리 떨어진 지역에 살고 있는 사람들하고 관련이 있어서 다들 크게 신경 쓰지 않아. 유럽에 늪지가 훨씬 더 많았을 때는 이런 질병이 나타났었지. 늪지를 건조해 경작 가능한 토지로 만듦으로써 수세기가 흐르면서 Aa 개체가 보유한 이점이 사라져 대립 유전자 a의 빈도가 감소하게 되었지. 자신들의 본고장에서 끌려나온 노예들의 후손인 북아메리카 주민들에게서 동일한 변화가 관측되기도 했단다.

유전적 부동

손자   우리네 형질은 저마다 특별한 한 가지 유전자에 연결되어 있나요?

할아버지   사람들은 그렇게 생각했어. 많은 형질과 여러 가지 형질 조합, 이를테면 혈액형이 그런 유전자에서 나온단다. '멘델의 유전학'이 거론되었지. 하지만 신체 크기나 뇌의 성장같이 적응하는 데 가장 중요한 형질을 비롯한 우리의 모든 형질은 단 하나의 유전자가 아니라 유전자 조합에서 비롯되는 거야. 이로써 때로 대단히 어리석은 말을 하게 되기도 하지……

손자   이를테면 어떤 말을요?

할아버지   최근에 나는 직립보행 유전자 또는 언어 유전자 또는 도덕 유전자를 찾고 있는 과학자들에 대한 얘기도 들었단다.

손자   우스꽝스럽기 짝이 없어요! 그런데 우린 지금 형질 변이의 기원 문제에 다가가게 되는 거죠?

할아버지 20세기 초, 유전의 표현 매체가 발견되었어. 사람들은 이 유전자들이 변화하고—돌연변이를 일으킨다고 말을 해—이러한 돌연변이에 의해 새로운 형질, 때로는 대단히 놀라운 새 형질이 나타난다는 사실을 깨달았단다. 일부 돌연변이의 영향이 신체 크기와 형태를 상당히 변화시킨다는 점을 발견했는데 이를 형태학이라고 했어. 내가 조금 전에 소인증과 관련이 있는 열성 유전자의 영향을 언급했잖아. 바로 이러한 맥락에서 이상한 생각, 바로 '유망한 괴물' 개념이 부상했지.

손자 그게 소인증과 관계가 있나요?

할아버지 사람들은 때때로 '괴물'이라는 단어를 경멸의 의미로 쓴다만 난쟁이는 그러한 의미의 괴물이 아니야. 더군다나 3염색체성 21을 보이는 개체들도 그렇지 않아. 생식 과정에서 우연히 21번 염색체가 세 개 존재하게 돼. 이는 심각한 결과를 초래하지. 하지만 일부 유전자나 염색체 변이는 형태학상의 중요한 변화에서 비롯되는 거야. 생물학에서 괴물이란 형태는 소위 '정상적인' 개체와 놀랍도록 차이가 나는 개체란다. '유망한 괴물' 개념은 한 개체가 자신에게 결정적인 이점을 부여하는 어떤 변이를 가질 수 있다는 점을 전제하지.

손자   예를 들면요.

할아버지   잘못된 생각이 나쁜 열성 유전자와 얼마나 유사한지를 네게 가르쳐주기 위해 최근의 예를 하나 들어볼게. 언젠가 한 개체가 재편된 염색체의 이점을 누리거나 어떤 변이로 인해 직립보행을 하게 되는데, 바로 우리의 유망한 괴물이지. 왜냐하면 해당 종의 다른 개체들은 현재의 침팬지와 같이 계속해서 네 발로 이동하기 때문이야.

분명히 가장 설득력 있는 가설은 우세한 수컷만이 이런 멋진 이점을 누리고, 암컷은 오로지 그와 번식 행위를 하겠다고 결심할 뿐이라는 거야. 이런 변이가 개체군 내에서 확산되고 다른 쪽 성의 개체를 유혹해야 하니까. 이는 단 한 마리의 수컷이 모든 암컷을 유혹할 수 있다는 점을 전제하지.

손자   그래서요?

할아버지   그들이 낳은 아이들은 모두 다 서서 걸어 다니게 되지. 그렇게 해서 인간의 모험이 시작되었단다.

손자   할아버지, 저를 놀리는 거죠!

할아버지   농담을 하긴 했지만 너를 놀리는 것은 아니야. 염색체나 유전학의 마법이 동원되는 못된 새끼 오리 이야기, 짧은

요정 이야기와 관련이 있는 일종의 우화인 게지. 게다가 너는 이 문제에서 주도권을 가진 수컷만이 진화에 기여한다는 점을 주목하게 될 거야. 우리 사회의 시대에 뒤떨어진 풍조인 셈이지. 여기저기서 고약하게 울려대는 남성우위론에 민감한 사회 풍조 말이다. 인류의 진화에 대해 말하는 것이 대수롭지 않은 일은 아니잖아?

더 진지하게 말하면 이런 유의 우화는 염색체 차원에서 이루어지는 유전적인 재조합, 배아의 성장, 무엇보다 한 개체군의 차원에서 이루어지는 이 새로운 형질의 확산에 지나치게 많은 어려움을 제기한단다. 그리고 자웅선택이 있지.

유전자, 개체군 그리고 진화

손자　　그래서 유망한 괴물이 사람들의 기억에서 사라질 수 있겠네요.

할아버지　　그랬으면 좋겠구나. 하지만 사람들은 일반적으로 진화에 대해 그리고 특별히 인류의 진화에 대해 그만큼이나 어리석은 아이디어를 다시 발견했어. 이후 많은 생물학자들은 진화를 유전자 차원에서만 바라보려고 노력했지. 이로써 지난날과 마찬가지로 오늘날 중요하고도 격렬한 토론이 벌어지게 되었단다. 어떠하든 간에 20세기 중반에 세포유전학—염색체 연구—과 유전학이 진보함으로써 유전자가 (세대가 되풀이되면서 형질이 전수되는) 유전의 매체라는 사실을 이해하게 되었단다. 동시에 유전자는 변이 덕택에, 더불어 생식세포를 형성하고 수정하는 여러 단계 동안 염색체 사이에 교환이 이루어짐으로써 새로운 형질의 기원이 된다는 점을 이해하게 되었지. 이로써 새로운 유전자 재조합이 일어나는데, 이는 변이의 중요한 원천이란다. 이러한 유전학 지식의 진보는 여러 가지 수학 모델을 공들여 다듬어가는 작업하고 연관이 있는데, 새로운 학문을 탄생시키게 되었어. 바로 개체군유전학이지. 어떻게 한정된 영향이 따르는 작은 변이들—괴물들이여 영영 안녕, 그리고 차이들이여 만세!—이 개체군 내에서 확산될 수 있는지 이해하게 되었단다. 유전자는 형질의 유전을 보장하고 동시에 형질 변이의 원천이 되지.

손자　　찰스 다윈이 알았더라면!

할아버지　　찰스 다윈은 변이와 선택 쌍을 명확히 밝혀냈어. 하지만 새로운 변이가 부상했을 뿐 아니라 지속됨으로써 난처한 입장에 처했단다. 이러한 변이는 유전자의 돌연변이에 이어 생식세포가 형성되는 순간에 행해지는 유전자들의 결합과 혼합 그리고 수정 순간에 이루어지는 재조합에서 비롯되었지. 분자 차원에서 이루어지는 이러한 변이의 원천에 행동 차원의 변이가 추가된 것이지. 다시 말해 이 모든 것이 자연선택의 갖가지 인자에 순응하면서 이루어지는 자웅선택이나, 동일한 한 종의 개체들이 번식할 준비를 하는 방법 말이다.

손자　　따라서 유전자와 형질은 직접 연관돼 있지 않은 거네요?

할아버지　이런저런 관계가 있어. 그렇지만 일반적으로 유전자들은 고립된 방식으로 표현되지 않아. 만일 우리가 살펴본 대로 일부 유전자가 유일무이한 형질에 대해 암호화한다고—멘델 유전학—해도 대부분의 유전자는 여러 형질에 영향을 미친단다. 소인증의 심각한 사례를 생각해보렴. 그리고 한 형질은 대개 여러 유전자에 연결되어 있어. 이를테면 신체 크기 말이야. 우리가 살펴봤듯이 진화는 후대로 이어져오면서 변화하는 거란다. 이렇게 말하면 더 정확해지지. 진화는 한 세대와 다른 세대 사이에서 한 개체군의 다양한 유전자 수가 증가하거나 감소하는 것이다.

손자　　음…… 별로 이해가 안 가는데요. 진화하는 것이 개체가 아니라 유전자란 말인가요?

할아버지 아니, 유전자는 진화하지 않아. 그것들은 세대가 이어지면서 전수되고 때로 변이를 일으키지. 개체도 진화하지 않아. 너나 나나 수태되는 순간에 우리 유전자를 받았고, 그때 우리 부모님의 난자 하나와 정자 하나가 결합되었지. 우리가 살아가는 동안 변하지 않는 것은 바로 '유전자형'이란다. 변화하는 것은 바로 우리 몸, 겉모습이고 이를 두고 '표현형'이라고 해. 매일 그리고 우리가 죽을 때까지 그렇지. 진화하는 것, 변화하는 것은 인구, 개체군이야. 더 정확히 말해 세대가 이어지면서 한 개체군이 가진 유전자의 상대적인 개수란다. 이를 두고 '소진화'라고 해.

손자 그러니 우리는 단지 유전자를 넘겨주는 사람일 뿐이네요.

할아버지 진화의 관점에서는 그렇지. 번식할 수 있는 상당수의 아이들을 더 많이 혹은 더 적게 남겨둘 수 있는 우리의 역량을 두고 '차등 있는 번식 성공'이라고 해. 이로써 소진화가 나오지.

손자 네. 그래서 20세기에 유전학 덕택에 진화를 온전히 이해한 것이로군요!

할아버지 그렇게 빨리 이해한 것은 아니야. 제2차 세계대전 무렵에 연구원들이 미국의 하버드 대학에 모였어. 유전학자, 고생물학자, 동물학자들이 있었지. 그들은 자기네 학문의 진전 상황을 설명하고 이를 대대적으로 종합하기로 결정했단다. 바로 종합 진화론이지. 이러한 중요한 일을 기점으로 찰스 다윈의 이론이 부흥하게 됐어. 바로 신다윈주의로 말이다.

손자 일종의 승리였다고 할 수 있나요?

할아버지 그렇고말고. 더욱이 1953년 DNA(디옥시리보핵산)의 이중나선을 발견하고 10년 후에 유전 암호를 발견하는 등 위대한 업적을 이루었으니까……. DNA는 유전자의 표현 매체가 되는 상당히 큰 분자란다. 이 유전 암호는 네 개의 토대, 네 개의 커다란 분자―아데닌, 시토신, 티민, 구아닌―의 조합으로 이루어져 있는데, 이들을 ACTG로 표시해. 마침내 사람들은 변이의 기원을 알게 됐어. 변이는 ACTG 가운데 하나를 다른 것으로 대체한 거란다. 더 정확히 말해 A 대신 T 혹은 C 대신 G로 말이야. 유전자는 결국 이 분자들이 염색체상에 연속 배열된 거란다. 이것은 분명히 1959년 《종의 기원》 출간 100주년을 맞아 거둔 승리인 셈이지.

2. 현대의 진화론

손자　　다시 우리가 어디쯤에 와 있는지 말씀해주세요.

할아버지　자연선택에 의한 진화론은 아무도 이의를 제기하지 못하는 세 가지 기본 관점에 의거한단다. 과밀 개체군, 변이, 유전 말이다. 모든 사람은 동물이 무한히 번식할 수 없다는 사실을 알아. 만일 네가 암코양이나 암캐 한 마리를 가지고 있다면, 너는 매번 한 배에서 나온 새끼를 전부 다 지켜낼 수 없다는 것을 알 거야. 모든 사람은 한 배의 새끼들이 다르고, 또 아이들이 부분적으로 부모를 닮았다는 것을 알고 있어. 이런 식으로 계속되지.

종합 이론의 경우 돌연변이, 유전자 조합과 재조합, 염색체 재편 등 '변이의 단위'가 되는 것이 바로 유전자란다. '선택 단위'는 개체이지. 그러니까 만일 개체가 생존한다면 번식할 수도 있고 해당 형질의 일부를 제 후손에게 전수할 수 있지(번식 성공). '진화 단위'는 개체군이란다. 그러니까 그건 개체들이 실어 나른 모든 유전자와 상관관계가 있는 수이자 이전 세대 개체들이 차등 있게 번식을 성공한 경우에서 도출된 수이지. 세대에서 세대로 이어지면서 이루어지는 이러한 변화가 소진화를 낳고.

손자　　개체군들이 점점 더 잘 적응한다고 말할 수 있는 건 가요?

할아버지　종합 이론은 자연선택의 귀환을 진화의 주요 동력으로 강조한단다. 이는 '적응 프로그램'으로 인도되는데, 이 탐색 프로그램은 유기체의 모든 형질—유전자, 생체 구조, 행동—이 적응한 형질임을 인정한단다. 사람들은 친족 관계로 보면 멀리 떨어져 있지만 유사한 환경에서 살고 있는 종에 관심을 가졌지. 조류, 박쥐 그리고 (공룡의 시대에 날아다니던 파충류인) 익룡의 날개는 모두 공중 이동과 관련해 유사하게 적응한 방책이었단다. 유사한 해법으로 '적응 수렴'이 있는데 이건 좀 다르게 얻어지는 거야. 조류의 날개는 깃털이 팔의 뼈에 자리를 잡아 만들어진단다. 박쥐의 날개는 일종의 막이 아주 긴 손가락 사이에 늘어져 있는 것이지. 그리고 익룡의 날개 역시 몸과 팔을 따라 붙어 있는 막 하나와 아주 긴 손가락 하나로 구성되었지.

손자　　정말로 적절한 예로군요.

할아버지　다른 예들을 더 들어볼 수 있겠다. 이를테면 바다에서 빨리 헤엄치는 동물, 그러니까 돌고래, 상어, 참치나 공룡 시대의 일부 파충류, 모사사우르류의 방추형 몸 말이야. 영양,

말이나 치타같이 빨리 달리는 동물들에서 볼 수 있는 사지가 길게 늘어나 있는 모습도 마찬가지야. 또는 암소나 잎을 먹는 원숭이 같은 반추동물의 위가 칸칸이 나뉜 모습. 또는 풀을 먹는 말과 잎을 좋아하는 고릴라의 장이 크게 발달해 있는 경우 등. 적응 프로그램 개념은 개체군이 주변 환경과 균형 상태에 있다는 거란다. 달리 말하면 모든 형질이 유기체의 모든 층위에서 그만큼이나 적응했다는 뜻이지.

손자 제가 비약하는지도 모르겠는데요. 이것은 제게 무언가를 상기시켜요.

할아버지 섭리와 자연신학! 분명히 적응 프로그램은 이후에 새로운 지식을 많이 가져다주었지만 결국 순진한 해석을 제시하고 말았지. 인간 혈통의 기원 문제에서 그런 점을 다시 발견하게 돼. 예를 들면 아프리카의 커다란 원숭이의 모든 형질, 이를테면 몸을 반쯤 일으켜 네 발로 걷는 행동, 송곳니, 얇은 에나멜 층의 어금니는 열대 산림 지역의 습지 환경에 적응한 것으로 보였지. 다른 한편으로 직립보행, 작은 송곳니, 두터운 에나멜 층의 이빨 등은 나무가 듬성듬성 나 있는 사바나 환경에 적응한 것으로 간주되었단다. 심지어 유추를 해서 더 멀리 나아가기도 했어. 아프리카 사바나의 비비원숭이는 송곳니를 가지고 있고 사냥을 한다는 사실이 관측되었지. 송곳니를 석기 도구로 대체하면서 이러한 모델을 사바나 지역의 첫 번째 인간에 적용했어. 스탠리 큐브릭의 탁월한 영화 〈2001, 스페이스 오디세이〉(1968)에서 이를 가장 훌륭하게 재구성했단다. 다만 이 시대에는 동물들, 특히 침팬지와 비비원숭이의 행태가 제대로 알려져 있지 않았어. 침팬지는 숲에서 사냥을 매우 잘하고, 비비원숭이의 송곳니는 먹잇감을 죽이는 데 쓰이지 않고 수컷끼리 경쟁하는 데 쓰이지. 그러한 적응 프로그램은 결국 지나치게 고지식한 것이 되어버렸어.

불가피하게 여러 진화론이 진척을 보이는 가운데 종합 이론은 변화할 수밖에 없었어. 특히 갖가지 기원 문제와 유전자 변이의 유지에 관한 측면에서 굉장한 진보를 보였지. 1970년대에 부상한 주요 문제들은 고생물학과 진화의 리듬에 관련되어 있었어. 그리고 변이가 아니라 우리 혈통 내에서 이루어진 직립보행 같은 주요 적응 사례의 기원에 관련되어 있었지. 결국 사람들은 종에 대한 자연의 사다리 개념과 점진적인 진화 개념을 없애기 시작했단다.

진화의 리듬과 단절 균형

손자　　여러 종이 나타나 빠르게 진화할 수 있다는 말인가요?

할아버지　진화론의 주요 문제 가운데 하나는 이것이란다. 어떻게 새로운 종과 새로운 계통이 나타날 수 있는가, 이를 '대진화'라고 하지. 바로 이러한 본질적인 문제에서―너는 찰스 다윈의 책 제목 '종의 기원'을 기억하고 있으니까―종합 이론은 큰 장애물에 부딪혔어. 왜냐하면 소진화는 서서히, 점차, 세대가 이어지면서 이루어지기 때문이야. 찰스 다윈에게 소중한 개념, 느리고 점진적인 진화 개념을 종합 이론은 옹호했지. 이를 두고 '점진적인 계통발생'이라고 해. 자연은 갑작스럽게 변화하지 않아! 소진화가 지속적으로 매우 길게 이어진 후에 비로소 한 종에서 다른 종으로 이행하는 거야. 이러한 생각은 난관에 부딪히는데, 특히 인간 혈통의 경우에 그렇지. 왜냐하면 화석을 찾으면 찾을수록 종을 자세히 구분할 수가 없었기 때문이지. 어느 저명한 고인류학자는 1980년대 초에 첫 번째 인간인 '호모 하빌리스'에서 우리 '호모 사피엔스'에 이르기까지 단 하나의 종만 보라고 제안했단다. 200만 년 이상의 시간에 걸쳐 단 하나의 종만 말이지.

손자   호모 하빌리스에 대해서는 잘 모르겠는데요.

할아버지   나도 그래. 나는 '호모 하빌리스'가 우리를 희한하고 '유망한 괴물'로 봤을 거라고 생각해. 분명 찰스 다윈의《종의 기원》이 출간된 이래 진화론은 굉장히 진보했지만 한 가지 중대한 문제가 나타났지. 새로운 종의 출현 말이야. 이를 '신종 형성'이라고 해.

손자   사람들은 정말로 아무것도 몰랐나요?

할아버지   물론 알긴 했단다. 하지만 찰스 다윈과 일종의 점진적인 진화설을 뛰어넘어야 했지. 종합 진화론이 비약적으로 성장한 시대에 연구원들은 '지리에 연관된 신종 형성이나 격리된 지리권 내의 신종 형성'을 인정했어.

그러한 개념은 동일한 한 종의 여러 개체군이 지리적인 장벽에 의해 고립돼 있고, 두 집단 간에 더 이상 번식이 일어나지 않는다면, 그러니까 더 이상 유전자가 흘러가지 않는다면 개체군은 분기되고 시간이 흐르면서 서로 수정하지 않게 된다는 거야. 따라서 다른 두 종이 생겨나지. 자료에 의해 가장 확실히 뒷받침된 사례는 50만~12만 년 전 유럽에서 네안데르탈인이 출현한 거란다. 충분한 화석들 덕택에 사람들은 네안데르탈인에 이르는 점진적인 진화를 따라갔지. 이 가운데 선조가 되는 인구 집단은 서유럽에서 몇 차례 빙하가 형성되면서 다소 고립된 상태에 처해 있었어.

손자　따라서 화석이 많을수록 혈통의 진화를 더 잘 따라가겠네요?

할아버지　네안데르탈인 혈통의 사례에서 풍부한 화석에 의해 지리와 연관된 신종 형성의 점진적인 모델 개념이 뒷받침되었단다. 하지만 언제나 이러한 도식이 두드러져 보이진 않아. 고생물학자들이 연속되지 않는 일련의 화석을 관찰하는 경우가 있어. 특히 조개껍데기로 가득 찬 해양 침전물 속에서 말이야. 동일한 시대에 여러 장소에서 이러한 관측이 확인되었기 때문에, 그러한 유기체와 진화에 대한 자료를 조사하는 성과를 거두고 있다는 점을 잘 받아들여야 해. 이러한 자료에 힘입어 스티븐 제이 굴드(Stephen Jay Gould)를 포함한 여러 고생물학자들이 '단절 균형 이론'을 제시했단다.

손자　무슨 뜻인데요?

할아버지　오랜 기간 동안 종은 거의 변화하지 않는다는 말이란다. 주변 환경과 균형 상태에 있지. 그러고 나서 위기를 겪는 기간, 이른바 '단절기'가 도래한단다. 더불어 강도 높은 선택 단계에서 재빨리 하나 또는 여러 종이 생겨나. 진화의 차원에서 '재빨리'라는 말은 수만 년으로 계산되지. 고생물학자들에게는 순간에 해당돼. 이는 필연적으로 존재할 수밖에 없는 중간 형태의 화석을 발견할 가능성이 거의 없다는 말이야. 하지만 인내심을 발휘해 마침내 그것들을 발견하기도 해.

손자　　조개껍데기 얘기를 해주셨잖아요. 그런데 커다란 동물들 그리고 인류 진화의 경우도 이와 유사한가요?

할아버지　조금 전에 사람들이 인간의 혈통에 대해 얼마나 난처한 상황에 놓여 있었는지 말해주었잖아. 왜냐하면 '호모 하빌리스'부터 '호모 사피엔스'에 이르기까지 여러 화석 형태를 뚜렷이 구분하지 못했기 때문이지. 단절 균형 이론으로 이러한 어려움이 부분적으로 해결되었어. 그렇게 해서 1985년 케냐에 있는 투르카나 호수의 서안 침전물에서 놀라운 화석이 발견되었단다. '호모 에르가스테르'의 거의 완전한 뼈대였지. 상당히 보기 드문 것이었어. 150만 년 전 한 젊은 남자의 화석인데, 놀랍게도 키가 약 1미터 70센티미터로 큰 편이었지. 옆에는 동시대에 살았던 더 오래된 '호모 하빌리스'들이 있었는데, 키가 1미터 30센티미터를 넘지 않아 매우 작아 보였어. 따라서 그 커다란 인간들은 우리 진화의 무대에 갑자기 등장한 것 같았지. 이 때문에 그들을 '새로 온 사람들'이라고 했단다. 우리가 '호모 하빌리스'라고 가정한 그의 조상을 감안하면 적절하게 단절 균형을 보여주는 사례인 듯싶다.

손자　하지만 방금 제게 말씀하시기를 호모 하빌리스와 동시대에 살기도 했다고 그랬잖아요.

할아버지　맞아. '호모 하빌리스'는 250만~160만 년 전 아프리카에 살았다고 알려져 있고, '호모 에르가스테르'는 190만~100만 년 전에 살았다고 알려져 있어. 시조가 되는 한 종의 마지막 개체군이 후예가 되는 종의 첫 번째 개체군과 동시대에 살았다는 것은 전혀 모순되지 않아. 더군다나 너는 부모와 함께 네 생의 일부를 살아가지. 이는 점진적인 계통발생에서는 찾아볼 수 없는 사례일 거야. 하지만 단절 균형 이론으로는 완전히 이해할 수 있지. 새로운 종의 출현—'대진화'—으로 다시 돌아가 보면, 주변에 형성되는 신종이 거론된단다. 변함없이 지리에 연관된 신종 형성에 속하는 거야. 하지만 한 종이 분포한 지역 주변에 있는 소규모 개체군들이 이에 동반해 매우 빨리 진화할 수 있는데, 이를 '유전적 부동'이라고 해. 확실히 나무가 듬성듬성한 사바나 주변에서 '호모 하빌리스'와 '호모 에르가스테르' 간에 그런 경우를 보였지. 몇몇 인구 집단이 더 넓게 펼쳐진 사바나 지역에 정착하면서 말이야.

손자　　그런데 만일 종이 그만큼이나 빠르게 출현한다면, 중간 화석을 찾을 가능성이 거의 없잖아요.

할아버지　그래, 하지만 단절 균형으로 인한 화석의 부재는 바로 신종 형성의 양식에 대한 한 가지 정보가 되지. 내가 말한 '굴드의 역설'이 바로 그래. 만일 사람들이 더 이상 화석을 찾지 못한다 해도 단절 균형 이론이 우리에게 만족할 만한 설명을 제시하기 때문에 그 정도의 지식에 만족할 거라는 내용 말이다.

사실 고생물학 분야의 진보로 화석을 통해 진화의 과정을 재구성하게 되었단다. 이는 대단한 진전으로 볼 수 있어. 왜냐하면 너무 오랫동안 고생물학과 각종 진화론의 관계가 분명하지 못한 채로 남아 있었으니까 말이지. 종합 진화론의 틀 안에서, 그리고 근래에는 특히 유명한 굴드에 이끌려서 처음으로 정말 바람직한 연계 작업이 이루어졌어. 분명 단절 균형 이론이 모든 문제를 해결하진 못해. 하지만 그것을 통해 일련의 화석을 다르게 바라볼 수밖에 없었지. '굴드의 역설'이 때로 신경에 거슬리기도 하지만 문제는 거기에 있지 않아. 이것으로 여러 혈통의 진화를 다른 식으로 분석하게 되었으니까 말이지.

여전히 단절을 회의적으로 보는 사람들은 정말로 일련의 화석을 더 세심하게 바라보았어. 북아메리카 지역의 침전물 속에서 이전 영장류의 아주 복잡한 진화에 적용되는 적절한 예가 제시되었지. 거기에 수반된 혈통은 분명히 지속적인 방식으로, 하지만 아주 다른 리듬으로 변화했어.

손자　　그 말을 들으니 놀라운데요. 왜냐하면 화석은 그래도 진화에 연결되어 있으니까 말이에요.

할아버지　사람들은 화석을 진화의 증거라고 너무 확신했어. 퍼즐의 전체 그림을 안다고 생각했지. 그것이 빈 곳을 채울 퍼즐 조각이라도 되는 양 말이야. 그런데 고생물학은 종에 대한 자기 이야기를 전해주지. 진화의 여러 메커니즘에 대해서는 이런저런 내용을 거의 말하지 않지만 말이야. 사실 이 때문에 많은 혼동과 오해가 비롯되지. 넓은 의미의 진화론에서 서로를 보완하는 두 접근법을 구별해야 해. 한편에는 진화의 여러 메커니즘에 대한 개념이 있어. 그러니까 자연선택, 자웅선택, 신종 형성의 여러 양식, 유전적 부동, 변이의 원천, 적응, 붉은 여왕 등이지. 다른 한편에는 생명의 역사가 있어. 이는 시간 속에 포함되고 그것으로 여러 화석과 갖가지 분류법이 만들어진 단다. 여기에 현생하는 여러 종이 들어 있어. 왜냐하면 이러한 종들의 혈족 관계는 진화의 결과이기 때문이야. 달리 표현하자면 '어떻게 진화할 수 있는가'와 '어떻게 진화했나'를 탐색하는 움직임이 있어. 종의 진화에 작용하는 모든 메커니즘은 여전히 현재의 자연 속에서 작동하고 있단다. 사람들이 종을 관찰하고 실험실에서 재생할 수 있으니까 말이지. 반대로 이러한 메커니즘이 생명의 역사가 진행되는 동안 무엇을 야기했는지 알기 위해서는 계통학과 고생물학을 검토해야 한단다. 특히 진화의 리듬에 대해서는 말이야.

손자   맞아요, 종의 역사에 대해 제게 약간 말씀해주셨어요.

할아버지   그랬지. 나는 사실 가장 어려운 대목부터 이야기했단다. 너는 종이 '왜' 진화하는지 알고 있으니까 이제 우리는 역사 여행을 떠나 종이 '어떻게' 진화했는지 알아볼 거야.

생명 역사의 주요 단계

1. 생명의 기원에서 첫 번째 척추동물까지

손자　　생명체는 지구상에서만 나타났나요?

할아버지　생명체의 기원에 관심을 가진 연구원들은 여러 모델을 찾아내 지구상에 생명체가 출현한 일을 설명할 수 있게 되었단다. 다른 행성에서 유기 분자—아미노산으로, 일련의 아미노산이 생명의 기본 요소인 우리 단백질을 형성하지—가 왔을 수도 있어. 이를테면 운석이 가져다준 것들 말이야. 하지만 생명체가 지구상에 나타났든, 화성이나 다른 곳에 나타났든, 그것은 동일한 문제란다. 네가 알고 있는 대로 화성에 보낸 탐사선들이 생명의 흔적을 찾아내진 못했지만 말이야. 찰스 다윈의 여행에 대한 경의로 '비글'이라고 명명한 탐사선조차 찾아내지 못했지.

손자　　그럼 어떻게 생명체가 나타났는지 알았나요?

할아버지　정확히 그렇지는 않아. 하지만 연구원들은 약 40억 년 전에 지구상에 퍼져 있었던 화학상의 갖가지 환경에서 여러 유형의 실험을 완수했단다. 산소가 없는 대기 속에 여러 기체가 존재했어. 이를테면 수증기, 암모니아, 메탄 같은 기체 말이야. 이 모든 것을 시험관 속에 혼합하고 (번개가 그렇게 하듯이) 에너지를 보내면 아미노산이 형성되지. 우리의 모든 유기 분자, 따라서 DNA는 물론이고 우리 세포의 모든 부분을 구성하는 단백질 속에서 그 커다란 분자들이 발견된단다. 1952년 밀러가 수행했던 실험이 가장 유명하지. 그후 사람들은 다른 실험을 구상했어. 그러니 생명체 출현에서 분자에 관한 시나리오는 문제가 되지 않는단다. 단지 무엇이 적합한지 모를 뿐이지.

손자　　한데 본질적으로 생명이란 무엇인가요?

할아버지　복제 또는 증식할 수 있는 아주 커다란 분자들이 나타나는 것이라고 말해두자. 생명체는 두 가지 기능, 그러니까 생식 기능과 진화 기능으로 정의된단다. 왜냐하면 복제되자마자 자기네 환경 속에서 필요한 화학 원소를 얻어야 하니까 말이야. 그리고 경쟁과 선택이 있지.

손자　벌써 자연선택인가요?

할아버지　그렇고말고. 알려져 있는 가장 오래되고 희귀한 침전물 속에서 생물학에 관련된 활동의 흔적이 나왔어. 오스트레일리아와 그린란드에서 38억 년 전의 침전물이 발견되었지.

손자　그 생명체들은 어떤 모습이었나요?

할아버지　온갖 종류의 박테리아로 이른바 푸른색 조류, 녹색 또는 자주색 조류였단다. 크게 세 가지 유형, 그러니까 단세포생물, 유기핵이 없는 박테리아, 원핵생물과 진핵생물로 구분되었지. 우리 세포가 바로 진핵세포란다. 단세포생물이 38억~25억 년 전의 수상 세계를 휩쓸었지. 이 시기를 고생대라고 하는데 이때부터 생물 다양성과 경쟁이 존재했어. 이 단세포생물은 광합성을 이용하고 잔해로 산소를 생산해냈지. 바로 그렇게 해서 우리 대기가 구성되었고, 대기에 딸린 오존층은 자외선과 다른 광선의 영향을 약화시켰어. 이러한 새로운 환경이 가장 복잡한 생명 형태가 출현하는 데 유리하게 작용했단다. 산소는 사용 가능한 에너지였고, 25억 년 전부터 진핵세포는 소위 호기성 호흡 방식을 이용했어. 진핵세포 핵 속에는 해당 유전 물질—DNA와 염색체—이 들어 있었고 더불어 자웅성이 만들어졌지. 우리가 살펴본 대로 자웅성에 의해 동시에 동일한 것과 다른 것이 만들어지게 된단다. 오늘날과 마찬가지로 이 시대에 분자 차원에서 경쟁과 선택이 벌어졌지.

손자　　제가 제대로 이해하고 있다면 벌써 붉은 여왕의 경주가 시작된 거네요.

할아버지　　심지어 단세포생물도 제자리에 남아 있기 위하여 가능한 한 빨리 달려야 했어. 이는 박테리아가 40억 년 전부터 생물량의 관점에서 우위를 점하긴 했지만, 동일하지는 않았다는 뜻이야. 기원이 되는 세 박테리아 제국이 변함없이 존재했지만, 형태는 끊임없이 새로워졌지. 약 7억 년 전에 바로 우리의 제국, 진핵생물의 제국 안에서 다세포 유기체인 후생동물과 더불어 새로운 형태의 조직이 나타났단다. 선캄브리아기로 들어가는 거야.

손자　　초기 생명체에 비해 늦었네요.

할아버지　　너는 호흡을 하고 자웅성을 보이는 진핵세포 하나가 얼마나 복잡한지 상상도 못할 거야. 더군다나 진핵세포는 여러 박테리아의 결합으로 이루어진 세포란다. 이를테면 미토콘드리아는 전체의 에너지 교류를 맡은 박테리아이지. 이러한 혁신이 난관에 부딪혔을 거라는 점을 이해해야 해. 더군다나 생명체는 여러 번 사라질 뻔했어. 이를테면 7억 년 전의 대빙하기에 말이야. 지구는 거의 전부 다 얼음으로 뒤덮였어! 자세히 말하자면 25억~5억 4000만 년(고생대 초기) 전, 그러니까 원생대라고 하는 시기의 생물 다양성을 묘사하는 데 진핵생물의 빅뱅이 거론된단다. 원생대는 '다세포생물이 출현하기 이전 시대'라는 말이야.

손자　　정말 추웠겠어요!

할아버지　　생명체는 커다란 재앙을 겪게 됐어. 그동안 몸이 부드러운 다세포생물, 여러 동물과 바다 속 깊은 곳에 사는 해초류가 나타났지. 이를테면 약 6억 년 전에 출현한 오스트레일리아의 에디아카라 동물군 같은 것들이야. 그다음에 캄브리아기에 이어 알려진 모든 생명 형태가 출현하는 '캄브리아기의 폭발'과 더불어 고생대로 들어가. 캐나다의 버지스나 중국의 카일리와 첸지앙의 여러 유명한 장소에서 그러한 생명 형태가 발견되었어. 시베리아의 토모트에서는 조개껍데기를 가진 생명체가 발견되었는데, 이것은 5억 3000만 년 전에 출현했단다. 그리고 고정돼 있는 유기체(조류와 식물들), 바다 속 깊은 곳을 기어가는 동물들, 이를테면 다양한 유형의 벌레, 해파리같이 이동할 수 있는 동물 등으로 첫 번째 생태계가 구축되었단다. 이러한 생물 가운데 일부는 가시가 있었고 다른 것들은 껍데기가 있었지. 이는 포식자가 있었고 무기 경쟁이 있었음을 의미해.

생명체의 단위, 갖가지 혁신과 제약

손자　'알려져 있는 모든 생명 형태'는 무슨 뜻이에요?

할아버지　분명히 알려져 있는 모든 종에 관련된 것은 아니지만 사람들이 말한 '조직 설계도'와 관련이 있어. 캄브리아기의 가장 매력적인 동물 가운데 하나는 피카이아란다. 그 몸은 대칭 구조로, 한 설계도에 의해 동일한 두 부분이 분리되어 있지. 첫 번째 '대칭동물' 가운데 하나지. 너와 나 그리고 네가 알고 있는 대부분의 동물과 마찬가지로 말이야. 그후 5억 년 전에 골격 시스템이 나타났지. 척추가 들보 역할을 하며 척추동물의 몸을 떠받쳤고, 이는 키가 큰 동물의 출현에 유리하게 작용했지. 힘줄이 우리 척추 사이에 있는 연골판이 되었단다. 따라서 첫 번째 척추동물은 물고기였어.

손자　　그럼 제가 제대로 이해하고 있다면 고생대 초기까지 모든 생명체의 역사는 물속에서 진행되었네요.

할아버지　　그렇지. 생명체의 단위를 강조한 뒤 물속에서 나오도록 하자. 알려져 있는 생명체는 전부 다—단세포생물과 다세포생물—스무 개의 아미노산이 다르게 결합된 단백질(커다란 분자)로 구성된 세포를 가지고 있단다. 생명체의 기원에 관한 여러 실험에 의해 예순네 개의 아미노산이 만들어졌는데, 이중에 변함없이 동일한 스무 개만으로 온전히 생명의 나무가 나왔다. 이 스무 개의 아미노산은 ACTG로 동일한 유전 암호에 의해 정의되는 것들이야. 따라서 모든 생명 형태에 공통되는 조상이 존재한단다. 바로 LUCA(Last Universal Common Ancestor). 그리고 DNA와 사촌 격인 RNA 덕택에 동일한 화학적 제어 방법을 이용해서 분자를 복제하지. CQFD!

손자　　또다시 유전 암호인가요?

할아버지　　아니, CQFD는 Ce qu'il fallait démontrer를 줄인 말로 증명 완료란 뜻이야. 이러한 생명체의 단위는 대단히 훌륭하지. 한데 그렇게 해서 바이러스가 우리 DNA를 이용해 우리에게 전염시킬 수 있다는 사실을 설명할 수도 있어. 자웅성은 우리와 같이 서서히 번식하는 복잡한 동물이 온갖 종류의 미생물에 의해 제거되지 않도록 해주는 한 가지 방법이란다. 그런 미생물은 종류가 별로 다양하지 않으면서 어떤 종을 공격하는 만큼 더더욱 빨리 번식하지. 자웅성의 결과 우리가 살펴본 대로 새로운 형질이 나오고 정착하면서 더 복잡한 유기체가 출현하는 거란다. 이로써 알려져 있는 온갖 생명 형태의 '캄브리아기의 폭발'이라고 하게 된 것이지.

손자　이해했어요. 진화가 더 복잡한 종을 향해 가는 것이라고 말할 수 있나요?

할아버지　대개는 그렇지. 더 복잡한 유기체와 함께 여러 혈통이 나타난다는 사실을 부인할 수 없어. 그리고 이전에 획득한 것이 없었다면 그토록 복잡하게 나타날 수 없었을 거야. 그렇다고 이전 단계가 다음 단계를 예고한다는 말은 아니란다. 다세포생물과 더불어, 특히 동물들과 더불어 성장이라는 아주 복잡한 기능이 나타나. 수정란에서, 그러니가 한 세포로부터 수십 억 개의 세포로 구성된 한 유기체가 성장하는 거야.

손자　할아버지가 말씀하시길 바로 거기에서 '진화'라는 용어가 나온다고 했어요.

할아버지　정확해. 생명의 진화를 설명해줄 동일한 프로그램이 있다는 개념, 곧 계통발생학으로 이런저런 내용을 다시 질서 정연하게 배치해야 해. 종의 역사를 다루는 계통학은 유기체의 개별 역사인 개체발생 속에 놓여 있지 않단다. 반대로 종의 개체발생은 계통발생이 진행되는 동안 나타난 설계도의 여러 단계를 복원하지. 그렇지만 이러한 단계는 제약이 되기도 하는데, 이는 한 종과 후계 혈통에 예정돼 있는 여러 가능성을 제한하지. 곤충과 포유류 같은 '대칭동물', 따라서 파리와 사람의 예를 들어보자. 몸의 대칭 구조와, 조직 설계도의 원인이 되는 유전자들, 유사한 유전자들이 발견되었단다. 건축가라고 할 수 있는 이러한 유전자들은 약 6억 년 전에 나타났어. 이전에는 그러한 유전자가 선택되리라고 예측할 수 없었을 거야. 일단 선택되면 그 유전자들은 자신들의 기능을 보존하면서 유지되고 진화하지. 대칭동물을 만든다는 말이야. 첫 번째 대칭동물을 관측할 수 있긴 했지만, 이후에 나타나고 사라진 수백만 개의 종을 예상할 수는 없었어. 전부 다 동일한 조직 설계도를 가지고 있긴 해도 말이지.

손자　　할아버지 말은 파리와 인간이 거의 유사하게 만들어졌다는 뜻인가요?

할아버지　　그렇고말고. 이보다 더 적절하고 생생한 진화의 증거가 어디 있을까! 파리와 인간은 유사한 유전자를 가지고 있어. 파리와 인간, 그러니까 곤충과 척추동물은 기본 성장 방식이 동일하지. 그러한 성장 방식이 마련된 지는 6억 년이 훌쩍 넘었어. 연구원들이 여러 유전자 조작 실험 과정에서 파리의 염색체 일부를 (상응하는 부분의) 인간 염색체로 대체했더니 파리가 정상적으로 성장했단다.

2. 척추동물의 진화

손자　　척추동물과 더불어 진화는 더 속도를 냈나요?

할아버지　　우리는 그렇게 느꼈지. 하지만 이전에 나타난 갖가지 형태의 생명체도 계속 진화했단다. 첫 번째 수상 척추동물은 상어, 턱뼈가 없는 어류, 턱뼈가 있는 어류 등 계통이 매우 다양해. 깜짝 놀랄 수도 있겠지만, 이것은 '캄브리아기의 폭발'과 마찬가지야. 새로운 유형의 조직이 나타날 때, 종종 대단히 다양하게 나타나지. 그러고 나서 선택의 시기가 도래해. 이로써 대부분의 종이 제거되고, 이 계통은 보존된 몇몇 계통에서부터 다시 진화가 전개되지.

손자　이들이 언제나 적자인 것은 아니죠.

할아버지　일부 종과 계통은 새로운 상황에서 유리한 처지에 놓였지만, 운이 따르지 않은 것들도 있었지. 몇 차례 대대적으로 멸종되는 동안에 이런 일이 일어났고 1차 대멸종은 4억 4000만 년 전에 생물 다양성에 큰 영향을 미쳤단다.

손자　운석 때문이었나요?

할아버지　6500만 년 전에 공룡이 멸종된 역사가 알려진 이래 사람들은 운석만 생각하지. 하지만 그때 가장 참담한 멸종 사태가 일어난 것은 아니야. 사실은 화산 활동의 결과 가장 무서운 재앙이 발생했단다. 고생대 시기에 처음으로 세 차례에 걸쳐 대대적으로 멸종이 일어났고, 2억 2500만 년 전에 알려져 있는 종의 95퍼센트가 제거되었지. 중생대로 넘어가는 시기였단다.

손자　운을 바라는 편이 나았겠네요.

할아버지　하지만 고생대가 끝나기 전에 한 계통의 물고기가 물 밖 생활에 적응을 했단다. 아주 적절한 진화 방식을 보여주는 예라고 할 수 있어. 약 4억 년 전에 존재했던 물고기들은 골격 구조의 지느러미를 갖고 있었지. 이러한 여러 계통의 물고기들을 총기류라고 해. 이들은 공존했는데, 단 하나만이 오늘날까지 살아남았지. 바로 유명한 실러캔스란다.

손자   다른 것들은 사라졌나요?

할아버지   여러 계통이 사멸했고, 하나가 인도양의 깊은 물속에 살아남았지. 실러캔스 말이다. 그리고 다른 것들은 변형되었어. 네가 바로 그런 종을 대표하는 존재 가운데 하나야.

손자   뭐라고요?

할아버지   물고기를 먹을 때, 너는 막이 있는 물고기를 제외하고 지느러미 속에 아무것도 없다는 사실을 잘 알고 있지. 그런데 총기류의 경우 막이 작은 사지에 해당하는 것에 붙어 있고, 뼈들이 그러한 사지를 떠받치고 있단다. 이러한 사지 골격의 여러 설계도가 구별되지. 그 가운데 네가 잘 알고 있는 한 설계도는 하나의 뼈(상박골 또는 대퇴골), 그에 이어 두 개의 뼈(요골과 척골 또는 비골과 경골)로 되어 있지. 그리고 끝부분에는 지상 척추동물의 계통에 따라 아주 다양한 개수의 손가락이 있어서 구별되지. 유스테놉테론은 3억 6000만 년 전으로 거슬러 올라가는 이 화석 어류 가운데 하나란다. 그후 (파충류든 조류든 원숭이와 인간이 포함된 포유류든) 유스테놉테론의 모든 후손은 동일한 설계도—하나의 뼈, 두 개의 뼈 그리고 끝부분에 있는 다양한 개수의 손가락—에 의거하여 형성된 사지를 보존하고 있지. 우리가 거기에서 볼 수 있는 대단히 훌륭한 진화의 예를 설명해주마. 지느러미의 골격 구조가 현저히 다른 여러 혈통의 출현, 선택—2차 대멸종, 그리고 오로지 두 계통만이 생존하지. 하나는 실러캔스로 축소되고, 다른 하나는 물 밖에서 대단히 성공을 거둘 터였지. 바로 지상 척추동물의 계통 말이다. 이 설계도가 다른 계통의 설계도보다 '더 적합했을까?' 말하기 어려운 문제다. 운이었을까? 말할 수가 없어. 그다음에는 다른 물고기들, 즉 현생하는 우리의 모든 물고기의 조상인 다른 물고기들과 경쟁을 벌였지.

손자　　그래서 제게는 파리의 유전자와 물고기의 사지가 있는 거네요. 하지만 물고기는 호흡을 안 하잖아요. 그 물고기들은 어떻게 했어요?

할아버지　　고생대의 중심에 있는 데본기는 '구적사암 대륙'의 시대라고도 해. 이 시기에 바닷물이 빠져서 광대한 대륙들이 자리를 잡게 되었지. 우리 총기류를 비롯한 여러 생물들은 계절과 기후 변화에 따라 분할되고 건조되는 넓은 물속에서 살아남아야 했어. 이 가운데 일부에는 이중 호흡 체계가 자리 잡고 있었단다. 그러니까 아가미로 물의 산소를 끌어모으고 허파로 공기의 산소를 끌어모은 거야. 지느러미와 사지의 진화는 진화에 관련된 일련의 제약을 보여주는 예라고 할 수 있지. 허파의 경우도 마찬가지고. 그 둘의 존재는 우연으로 간주될 수 있어. 다시 말해 독립된 두 사건의 만남이지. 더군다나 총기류의 모든 계통이 (식도의 성장이 변화하는 과정에서 파생되는) 허파를 획득한 것은 아니었고, 더군다나 한쪽 허파는 다른 계통의 어류 내에서 독립적으로 획득되었어. 현생 폐어류의 경우와 같이 골격 구조의 지느러미를 갖지 않은 채로 말이야.

손자　할아버지, 허파에 대해 '획득'이라는 표현을 쓰셨어요. 라마르크 학설이에요!

할아버지　예리하구나. 우리는 형질, 주요 적응 사례가 한 번만 나타나는 게 아니라는 사실을 살펴보았어. 복잡한 유기체들은 유전자와 공동의 역사에서 물려받은 설계도에 의해 제약을 받기 때문에, 유사한 적응 사례가 발견되지. 나는 풀을 뜯어먹는 소와 잎을 먹는 원숭이의 위가 칸이 나뉘어 있다는 점을 언급했다. 유사한 적응 사례이지. 하지만 유전학 또는 배아의 관점에서 이것들은 동일한 방식으로 획득되진 않았어. 같은 형태를 뜻하는 동형은 아니란 말이지. 골격 구조의 지느러미로 말하면, 너는 우리의 팔다리를 구성하는 설계도에서 그것들이 나타나지 않았다는 사실을 잘 이해했어. '굴절 적응'과 '초보적인 진화'를 적절히 보여주는 예라고 할 수 있지. 어떤 형질이 이전의 한 상황에 연결되어 있다가(헤엄치기 위해 지느러미가 발달하는 것) 새로운 여러 상황을 맞아 변화하여 새로 적응하게 된다는 것이지(몸을 떠받치고 물 밖에서 이동하는 데 쓰이는 것).

손자　　다른 예로는 또 무엇이 있을까요?

할아버지　이번에는 공룡과 조류의 무대이기도 한 공중에서 일어난 사례야. 중생대는 커다란 파충류, 공룡의 시대란다. 사실 중생대 초기에는 거대한 집단의 지상 파충류들이 지배했어. 이들이 포유류의 조상이란다.

손자　　어떻게 그걸 알죠?

할아버지　그 녀석들 두개골의 설계도가 여전히 우리에게 있기 때문이야. 이 도면은 2억 년 이래로 소위 '포유류형 파충류'와 그들의 후손인 포유류, 이를테면 우리의 혈통에서 변화하지 않았어. 거대한 무리를 이룬 또 다른 지상 척추동물의 두개골 구조 도면은 공룡과 조류의 도면만큼이나 달랐고 이 시대 이래로 매우 안정되었지. 조류는 현생하는 공룡이니까.

손자   그래서 그것들은 사라지지 않은 거네요.

할아버지   아주 적절히 진화하는 방식을 보여주는 예인 셈이야. 우선 파충류들이 지배했고, 그 한 가지 혈통에 의해 포유류가 생겨났지. 하지만 2억 5000만 년 전에 일어난 4차 대멸종은 지상과 수상, 공중에서 공룡이 확장하는 데 유리하게 작용했어. 여러 집단들이 적응해 날아다닐 수 있었지. 우선 익룡, 그다음에는 조류가 말이야. 이러한 조류는 크기가 작고 매우 빠른 공룡들, 미크로랩터와 벨로시랩터에서 탄생했지.

손자   그 이야기를 들으니 〈쥬라기 공원〉이 떠올라요.

할아버지   정말로 그러한 것들을 다루고 있어. 날아다니는 능력은 단 하나의 혈통에만 해당되는 것은 아니야. 찰스 다윈의 시대에 유명한 '아르케옵테릭스'가 발견되었지. 몸통 하나에 여러 개의 발, 작은 공룡을 연상케 하는 두개골이 있었지만, 상부의 사지 형태는 새의 날개 같았고 깃털이 달려 있었어. 그리고 오늘날 사람들이 알고 있는 많은 화석을 통해 입증되었는데, 날아다닐 수 있는 작은 공룡이 다양하게 존재했단다. 일부는 날개가 네 개, 다른 것들은 날개가 두 개였고, 모두 깃털이 달려 있었지.

손자 조류의 조상이 공룡이라면, "암탉이 이빨을 가졌겠네요!"

할아버지 흔히 이런저런 내용을 그런 식으로 유추해서 말할 수 있지. 먹이를 깨부수기 위해 여러 방식으로 적응한 사례는 중생대 동안 '넓은 의미의 파충류'에서 찾아볼 수 있고, 오늘날에는 모래주머니가 있는 조류와 저작 활동을 하는 포유류에서만 발견되지. 포유류와 마찬가지로 조류는 아주 활기차지. 고도의 신진대사를 생각해보렴. 또한 쉬고 있을 때 그리고 주변의 온도가 더 낮을 때 몸의 열기를 보존해야 하는데 이동할 때는 열기를 밖으로 내보내기도 해야 해. 이것이 체온조절 작용이란다. 깃털과 털이 사용되지. 그런데 깃털과 털뿐만 아니라 손톱, 발톱, 발굽, 뿔은 케라틴이라는 동일한 단백질로 이루어져 있단다. 우리는 또다시 놀라운 진화의 '초보적인 작업'을 발견한 거야. 깃털과 털의 발달은 동일한 성장 과정에 포함되고, 소소한 유전적 차이에 의해 어떤 성장 단계에서 깃털이나 털을 얻게 되지. 따라서 깃털과 털은 (자연선택 인자인) 항온성과 연관되어 선택되었지만, 몸을 뒤덮고 있기 때문에 자웅선택 인자의 영향도 받아. 점점 발달하는 깃털은 몸에 공기가 잘 통하게 하는 데 쓰이고, 날갯짓은 곤충과 다른 먹이를 추격하는 데 쓰일 뿐 아니라 이성에게 잘 보이려고 뽐낼 때도 사용할 수 있었지.

깃털 달린 공룡의 일부는 수상(樹上)생활을 했어. 그들의 날갯짓과 마찬가지로 뜀박질은 일부 공룡에게서 새로운 적응을 유도했지. 바로 날개를 퍼덕이면서 날아다니는 거야!

손자   이제는 전과 똑같이 새를 바라보지 못하겠어요.

할아버지   생명의 역사는 정말로 놀랍단다. 한 가지 재앙, 4차 대멸종은 공룡과 조류에 이점을 안겨주었고, 이어 5차 대멸종이 도래했지. 백악기 말에 공룡이 부분적으로 멸종했는데 가장 규모가 큰 멸종은 아니었단다. 그 틈을 타 특히 조류와 포유류를 포함한 수많은 주요 계통이 배치되었으니까 말이야. 왜냐하면 공룡이 아주 많긴 했지만, 압도적으로 많지는 않았던 시대에 포유류가 출현해서 다양하게 늘어났으니까. 이유는 너도 알 거야. 커다란 운석 하나가 멕시코 만에 떨어졌고, 무엇보다 인도 북서부 데칸 지역에서 화산 활동이 상당한 규모로 일어났기 때문이지.

포유류와 원숭이

손자   우리 포유류에게는 행운이었던 셈이네요.

할아버지   우리 관점에서 그렇게 볼 수 있지. 왜냐하면 오늘날에는 여전히 포유류보다 조류 종—따라서 공룡 종—이 두 배나 더 많이 존재하기 때문이야! 이러한 격변이 일어난 후에 지구는 아주 뜨거운 시기를 지났어. 이런 환경은 꽃과 열매가 있는 식물들, 우리 주변에 있는 대부분의 식물들, 즉 속씨식물이 확장하는 데 유리하게 작용했지. 숲이 한 북극권에서 다른 한 권역으로 확장되었다고 상상해봐. 다양한 계통의 곤충, 조류, 포유류가 이러한 환경에 적응하게 됐어. 가장 많이 알려진 '공진화(共進化)'의 사례 하나가 마련된 거야.

손자   종이 함께 진화한다는 말인가요?

할아버지   사실 하나의 종은 단독으로 진화하는 게 아니라 자연의 공동체와 함께 진화하지. 속씨식물은 꽃의 수정을 위해 곤충을 필요로 해. 꽃은 곤충이 가져다준 꽃가루로 일단 수정되면 열매가 되지. 조류와 특히 원숭이, 수상생활에 적응한 포유류가 이 열매를 먹는데, 그들은 이동하는 동안 배설물로 종자와 씨를 여기저기 퍼뜨린단다.

손자   뭐라고요?

할아버지   똥으로 씨를 퍼뜨린다는 얘기야. 나무와 원숭이의 그런 의존 관계가 발달해서 일부 종자나 씨는 원숭이의 소화

계를 거친 후에 비로소 익게 된단다. 이러한 공진화는 훨씬 더 정교해. 나무는 모든 생물종과 마찬가지로 살아남고 번식해야 하지. 공진화는 향기를 지닌 꽃에, 그리고 곤충이 보기에 색채가 매력적인 꽃에 유리하게 작용해. 그래서 거기에 민감한 곤충 종이 선택되고, 대신 이러한 곤충들은 자신들을 가장 많이 끌어당기는 나무와 식물을 선택하지. 색채가 아름답고 즙과 비타민이 가득한 열매의 경우에도 마찬가지야. 이것은 열매를 먹는 원숭이가 좋아하는 식량 자원이 되지. 원숭이는 가장 좋아하는 열매를 제공하는 나무를 선택하는 등 열매에 대한 특별한 미각을 개발한단다. 그래서 우리는 즙이 있는 음식물을 먹고 싶어 하는 거야. 반대로 나무는 호흡을 하기 위해서 잎이 필요하지. 한편으로 성공적으로 번식하기 위해 꽃과 열매를 키우고, 곤충들—이를테면 송충이—과 잎을 먹는 원숭이들이 나뭇잎에 피해를 주지 않도록 가공할 위력을 가진 화학적인 방어 수단을 획득했지. 바로 탄닌과 알칼로이드로, 진짜 독이란다.

손자　　그럼 잎을 먹는 원숭이들은 어떻게 대처했나요?

할아버지　해결책을 찾아냈지. 예를 들어 그 원숭이들은 점토나 목탄을 먹어. 이를 통해 탄닌을 흡수해 생기는 해로움을 누

그러뜨린단다. 다른 나무의 잎을 먹을 준비를 함으로써 중독을 면하게 되었지. 더군다나 미각이 진화해서 독성 물질을 감지해냈단다. 열매를 먹는 원숭이의 경우에는 좀더 복잡해. 쾌락에 연결되어 있는 미각이 즙이 나는 열매, 더 일반적으로 말해서 양질의 먹이를 찾도록 자극하니까 말이야. 이 경우에 미각은 먹도록 권유하는 일종의 초대장인데, 위험한 모든 먹이를 감지하는 데 충분하진 않아. 그래서 선택하는 법을 배워야 해. 새끼들은 자기네 엄마와 함께 그렇게 하지. 어른들을 관찰하기도 해서 그들의 좋은 습성을 받아들이고.

손자   우리, 그러니까 인간에 대해 이야기하는 것 같아요.

할아버지   감히 말하자면 우리도 오랜 공진화의 결실이란다. 그러한 공진화는 더 근래에 이루어지긴 했지만 우리가 원숭이를 대상으로 재빨리 살펴보았던 내용에 의거하고 있지. 더군다나 네게 해준 이야기는 거의 알려져 있지 않았단다. 안타깝게도 오늘날에도 사람들은 여러 기원 문제와 인류의 진화를 별도의 사례로 다루지. 그런데 우리 자연사는 유전자에서 우리의 행태, 심지어 뇌에 이르기까지 우리가 언급했던 모든 것에 긴밀히 연결되어 있단다.

손자　　이야기해주세요!

할아버지　다음번에 이야기해주마. 이미 너는 많은 것을 알고 있으니까. 이 이야기는 훨씬 더 매력적일 거야. 라마르크와 찰스 다윈, 굴드, 위대한 과학자들은 진화론을 구축하는 데 엄청난 기여를 했지만, 기원 문제와 인류의 진화 문제에는 거의 손을 대지 않았지. 알다시피 나는 그들처럼 했어.

손자　　찰스 다윈의 경우는 제외하고 말이에요. 그는 '인류의 혈통' 문제를 다루었으니까요.

할아버지　정확한 지적이구나. 사람들은 한 세기 동안 찰스 다윈의 연구 프로그램을 모르고 있었지. 그는 자신의 프로그램을 통해 우리의 행태와 문화, 모든 정신 능력, 소위 수준 높은 정신 능력도 진화론의 관점에 포함하려 했단다.

결론: 진화에 관한 중요한 지식에 대하여

손자　할아버지를 만나러 오면서 진화가 정말 매력적인 동시에 그렇게 복잡한 것이라고는 생각하지 못했어요.

할아버지　진화론―여러 진화론이라고 말해야겠지―은 천부적인 재능을 가진 인간들이 고안한 가장 강력한 과학 이론 가운데 하나란다. 우리가 살펴본 대로 지식의 진보와 더불어 이론도 끊임없이 진화해왔어. 라마르크의 변이설, 찰스 다윈과 함께한 자연선택과 자웅선택, 종합 진화론, 그리고 오늘날의 소위 '성장-진화' 이론. '성장-진화' 이론은 성장의 유전학을 진정한 진화론의 관점에 통합하는 이론이란다.

손자　왜 과거를 아는 것이 우리 미래에 중요한가요?

할아버지　여러 가지 이유 때문이지. 첫 번째는 간단히 말해 다른 학문을 가르치는 것과 마찬가지로 생명과학을 가르쳐야 할 필요성 때문이야. 이미 말한 대로 진화론을 배제하면 생명을 이해할 길이 없단다. 이것을 어떻게 가르칠까…… 정말 중요한 문제인데, 이 이론은 쉽지 않아. 우리가 했던 방식대로 진화의 각종 메커니즘—'어떻게 진화하는가'—을 설명하고, 진화가 무엇인지—'어떻게 진화했는가'—를 이야기해주어야 해. 우리가 어디에서 왔는지를 이해하는 것은 모든 사람에게 해당되는 문제이고 오직 과학과 진화론만이 보편적인 답을 제시한단다. 비록 그 답이 아직 불완전하긴 해도 말이야.

손자　생명과 진화가 무엇인지 배워야 한다는 데는 동의해요. 그런데 이걸 배우면 현재와 미래에 우리는 어떤 도움을 받을 수 있나요?

할아버지　우리는 과학, 특히 여러 진화론의 진보가 사회 상황에 얼마나 의존하는지 살펴보았어. 사회 환경은 진화론 발달에 유리하게 작용하거나 제동을 걸 수 있지. 우리 시대와 마찬가지로 뷔퐁, 라마르크나 찰스 다윈의 시대에 진화론은 여러 사회문제에 얽혀들었거나 대단한 논쟁을 불러일으켰어.

손자　하지만 우리 반에 진화론을 믿지 않으려고 하는 학생들이 있어요.

할아버지　알고 있단다. 네가 방금 말한 대로 문제는 그들이

'믿지' 않는다는 거야. 관건은 믿음이 아니라 과학이란다. 정교가 분리된 민주주의 사회에서는 믿을 권리와 믿지 않을 권리가 있어. 그들에게 뭘 믿으라고 강요할 수는 없지. 그들 역시 신앙을 빙자해 과학 교과과정을 변경할 권리가 없어. 게다가 생물학과 진화론 교육의 폐지를 위해 행동할 권리는 더더욱 없고 말이야. 이러한 이론 그리고 연관된 수많은 학과에서 생성된 지식의 진보는 다양한 나라, 다양한 문화, 다양한 교육, 다양한 종교를 가진 사람들 또는 신앙을 갖지 않은 사람들의 위업이라는 사실을 강조하고 싶구나. 이런 의미에서 과학의 행보는 누구에게나 영향을 미친단다.

손자　　그리고 우리 미래에 진화가 왜 중요한지 말씀해주세요.

할아버지　진화는 단지 과거에만 관련돼 있지 않아. 비록 진화를 통해 예상을 할 수 없긴 해도, 현재 이루어지는 진화는 오늘날 자연에서 일어나는 여러 가지 사건의 제약을 받지. 우리가 모르는 종은 제외하더라도, 알려져 있는 수백 만 종 가운데 다른 것들보다 비중이 큰 종이 있어. 바로 인간이지. 인간은 수가 많고 많은 활동을 함으로써 환경과 생물 다양성에 심각하게 영향력을 행사한단다.

손자　'6차 멸종' 이야기네요.

할아버지　케냐의 고인류학자인 리처드 리키(Richard Leakey)가 '6차 멸종'이라는 표현을 썼단다. 우리가 살펴본 대로 생명의 역사가 진행되는 동안 생명체는 다섯 차례 대멸종을 겪었고 규모가 좀더 제한된 멸종을 여러 차례 겪었어. 그러한 멸종의 원인은 화산 활동, 대양의 흐름, 운석 충돌 등 자연에 관련된 것이었지. 이제 우리는 최초로 우리 인류 때문에 일어난 멸종을 겪고 있어. 그래서 생물 다양성이 왜 중요한지 자문하게 될 거야. 진화론의 관점에서 우리가 알고 있는 중요한 내용을 이야기해보마. 첫째로 종이 다양할수록 위기에 여러 계통이 적응할 가능성이 높아. 둘째로 종이나 계통은 단독으로 진화하지 않고 다른 종들과 함께, 달리 말하면 자연의 공동체와 공진화해. 따라서 우리가 이렇게 행동하면서 그리고 생물 다양성과 자연의 공동체를 파괴하면서 어떤 모습으로 진화할지 말해줄 수는 없지만, 우리는 사실 자신의 발등을 찧고 있단다. 그래서 진화에 대한 교육이 상당히 중요해. 왜냐하면 진화하면서 변하는 것들의 원인, 방식, 이유를 침전물, 고생물학을 비롯한 과거 속에서 시험해볼 수 있으니까. 그리고 변함없이 여러 학문에서……

손자　　현재 상태의 지식에서.

할아버지　브라보! 문제는 생명체가 계속 진화할 것인가 여부가 아니야. 그것은 이런저런 방식으로 계속 갈 길을 가겠지. 진정 중요한 문제는 '우리가 그 길 위에 있게 될 것인가'이고, 그러기 위해서는 우리의 기원을 알아야 할 필요가 있어.

손자　　찰스 다윈이라도 이보다 더 잘 말하지는 못했을 거예요.

할아버지　네 칭찬에 상당히 민감하게 반응하게 되는구나. 왜냐하면 찰스 다윈의 이론이 바로 이런 내용을 말하고 있거든. 진화 속에서 중요한 것은 바로 내가 아니라 내 후손이고, 그들이 가진 차이는 모두 다 멋진 거란다. 《종의 기원》의 마지막 문장으로 대화를 끝맺고 헤어지자꾸나. "이런 생명관 속에 진정한 위대함이 있지 아니한가?" 우리는 손자들을 위해 거기에 걸맞은 사람이 되어야겠지.